青少年探索文库
QingShaoNianTanSuoWenKu

直面人生的苦难

王 磊 编

吉林人民出版社

图书在版编目（CIP）数据

直面人生的苦难 / 王磊编著. — 长春：吉林人民出版社, 2010.10（2021.3重印）
（青少年探索文库）
ISBN 978-7-206-07087-7

Ⅰ. ①直… Ⅱ. ①王… Ⅲ. ①人生哲学–青少年读物 Ⅳ. ①B821-49

中国版本图书馆CIP数据核字(2010)第192063号

直面人生的苦难

编　　著：王　磊
责任编辑：张　娜
吉林人民出版社出版（长春市人民大街7548号　邮政编码：130022）
印　　刷：三河市燕春印务有限公司
开　　本：700mm×970mm　　1/16
印　　张：13　　　　字数：110千字
标准书号：ISBN 978-7-206-07087-7
版　　次：2010年10月第1版　　印　　次：2021年3月第2次印刷
定　　价：39.00元

目　录

学会乐观

每个人都有自己的生活态度，这种生活态度具体来说也千差万别，但是仔细研究，这些表面看来大不相同的态度也不外乎两种：乐观与悲观。乐观的人敢于面对困难的挑战，他们认为失败是暂时的，厄运过后是一片晴空。每个失败都有它的原因，在人生中个人能把握住的事情很少，一旦自己抓住机会，就会把握好，他们用笑容来面对生活中的一切磨难。悲观的人相信坏事是因为他自己的错，会持续很久。两种不同的态度也就带来两种截然不同的命运。摆在乐观的人面前的命运之路虽有不平，但前方有鲜花与掌声；而摆在悲观者面前的不但是坎坷的道路，而且前方连光明都没有，真正是一片风雨不见晴。选择哪种态度在我们自己，如果你能微笑着看待一切，天下间就没有你不能做到的事。正如古人所说：“一笑天下无难事。”

乐观的人也会遭遇挫折、悲剧等不如意的事，只是乐观者处理得比较好，乐观者在遭受打击后很快可以像弹簧一样反弹回来，他的生活可能会穷困，但他可以鼓起勇气重新来。乐观者在事业上表现得更好；乐观者的身体比较健康，寿命也比较长。

学习乐观是学在失败挫折时如何对自己讲话的技术；你要学在受到打击时，对自己有更具鼓励性的看法，而不要成为盲目乐观的奴隶。

使用乐观的基本原则就是要分清楚事情的轻重，不能盲目乐观。要先问问自己在某一特定情况下，失败的代价是什么。假如失败的代价很高，那么就不应该用乐观。在飞机起飞之前机师决定要不要仔细检查飞机的一切机械时，在酒会中喝了酒的决定要不要酒醉开车时，都不该用乐观。因为这时失败的代价是死亡。反之，如果你行动了，失败的代价也很低，你就应该用乐观。推销员在决定是否再敲响客户的家门时，失败的代价也只不过是被拒之门外罢了；一个生性害羞的人决定要不要走出去与大家谈话时，失败的代价仅是被拒绝的难堪而已。人们开始一项新的工作时，失败的代价仅是挫折罢了……

人人都在经受“失去”中逐渐成长，经过人生每一个阶段，最后，我们还要面对不可避免的自身死亡——我们过去的一切生活，生活中的一切梦都将化为乌有，我们的财富会成为云烟散去。明白了人生是这样的轨迹，那么还有什么不可以面对的？

人生决不仅仅是一种作为生物的存活，它是一些莫测的变幻，也是一股不息的奔流。我们虽然无法永远留存于世间，但我们的人生轨迹已经印刻在大地上。我们建造的东西将会留存久远，我们所造就的美，并不会随我们的湮没而消失。我们的双手会枯萎，我们的肉体会消亡，然而我们所创造的真、善、美将与时俱在，永存而不朽。这样的东西，也有只有乐观、自信的人才能创造出来。

人生的雨季

5年前的夏天，我的人生痛苦不堪。父亲因酗酒死于一场事故，撇下了我瘦弱的母亲和两个弟弟。当时，我正上高中。父亲葬礼后，全家人比以前的状态更加糟糕。作为长子，我别无选择，只好退学，到一家工厂打工。

日子就这样平淡无奇地过着。我不敢再有更多的奢求，只希望把两个弟弟抚养成人。然而，那不是轻而易举的事儿，因为即使我每天从早到晚不停工作，也难以支付他们的学费，更何况我必须考虑多病的母亲……眼前的困境使我想再努力一次，但又好像不切实际，因为我不能再丢掉这份工作。

一线希望突然照亮了那些阴暗的日子。

那是一个雨天的黄昏，我置身雨中，走在街上。

雨突然停了！我感到迷惑，就抬起头，发现“天空”其实是一顶深蓝色的伞。随后，我听到一个深沉的声音。

“没有伞，为什么不跑？”一位拄着拐杖的独腿中年人对我说。“如果跑，你就不会这么淋湿了。”

我摇了摇头，却转念又一想：没有伞，为什么不跑呢？

他的话深深地震撼了我。没有了父亲的保护，我就只能做命运的奴隶，童年的梦想就只能是幻想吗？

雨中同行时，我知道了他是城里来的推销员。他接到了一份订单，为此花费了很多时间。面对这个人，我没有怜悯，只有钦佩。

我默默地从他的右手里接过了伞。他告诉我说，他曾想做一名警察，但一次意外事故毁灭了他的梦想。尽管现在的工作非常苛刻，不适合他这腿，但每次出门对他来说都是一个奇妙的开始。他很高兴自己没有丧失勇气，仍然“跑”在人生的道路上……

一切都似乎是命中注定，但又不总是那样。那个人的话让我深受启发，我去了南方的一个城市，成了一名保险代理人。通过两年的“奔跑”，我取得了一些业绩，家境也渐渐好转了。因为童年的梦想，我又回到了高中。前年夏天，我终于考上了大学。

生活就是这样：当你处在人生的雨季时，如果你无法尽快找到防止雨淋的方法，就要被雨水淋透，但如果你决定摆脱，你就会发现，雨季并不像你原来想的那样长。

一切都是那么简单：没有伞，就跑！

跑出人生的雨季，你前面就会是一片晴朗的天空。

奇迹改变人生

一个小女孩独自坐在公园里。人们从她身边经过，但没有人停下来去关心她为什么面带悲伤。小女孩身穿一件破旧的粉红裙子，光着脚，浑身脏兮兮的。她只是坐在那里看着身旁人来人往。她根本不愿说什么，从没说过一个字。

第二天，我怀着好奇心决定去公园看看她是否还在那里。是的，她在那里，就在昨天她坐的地方，眼睛里依然流露出那种悲伤的神情。今天我决定要试试走近她。因为众所周知，一个到处都是陌生人的公园并不适合小孩子们单独玩耍。

当我走得离她稍微近些时，我看到她穿着裙子的后背形状古怪，我想那就是为什么人们只是从她身旁经过而从不想要和她搭腔了。当我走得更近时，小女孩微微垂下眼睛，避开我注视她的眼神。我靠近她时，我可以更清楚地看到她后背的形状了。她后背畸形，有一块隆起的肉峰。我笑了笑想让她明白那没什么，我来这里愿意帮助她，和她聊天。我挨着她坐下，面带微笑说："你好！"

她受到了惊动，盯着我的眼睛看了好大一会儿，才结结巴巴地说："嗨！"

我朝她笑了笑，她对我也报以羞怯一笑。我们一直聊到夜幕降临，聊到公园里空无一人。我问她为什么如此悲伤，小女孩满脸愁容地看着我说："因为我和别人不同。"

我马上说："那才是你啊！"小女孩更加悲伤地说："我明白。"

"孩子，"我说。"你让我想起一位天使，她既可爱又天真。"她看着我笑了笑，然后慢慢站起来说："真的吗？"

"真的，你就像一个小守护神，被派来守卫那些过往的行人。"

她微笑着点头称是。说着，她张开粉红裙的后摆，展开了双翅，然后说："我是，我就是你们的守护神。"她的眼睛闪过一道光。

我惊呆了：是的，我正在看着奇迹发生。

小女孩说："这次你想到了别人而不是自己，我在这里的任务完成了。"

我站起来问："等一等，为什么没有人愿意停下来帮助一个天使呢？"

她看着我笑着说："你是唯一能看见我的人。"说完就消失了。

从那以后，我的生活发生了翻天覆地的变化。因此，当你认为自己最重要时，请记住，你的天使总是在守护着你。

人生都有开花的时间

朋友去远方做事，把他在山中的庭院交给我看守。院里邻墙的地方扎了一道篱笆，种一些青菜。清晨或黄昏，我搬一把小椅，坐在院里品茶读书，挺有韵味。

朋友是一个勤快人，院里常常收拾得干干净净寸草不生。而我很懒，除了偶尔扫扫院里被风吹进的一些落叶，从不去薅那些破土而出的草芽，任它们滋长。初春时，院子左侧的石凳旁冒出了几簇绿绿的芽尖，叶子嫩嫩的、薄薄的。20多天后，它们的叶子蓬蓬勃勃伸展开来，我才发觉它们像是院外林间幽幽的野兰——如果真是野兰，家有幽兰徐徐绽香，那该多富有诗意啊！

晚夏时，那草果然开花了。五瓣小花氤氲着一缕缕幽香，花形如林地里那些兰花一样，只可惜它是蜡黄的，不像林地里的那些野兰，花朵是紫色或褐红的。我采撷了其中的一朵花和几片叶子，下山去找一位研究植物的朋友。朋友一看，忙问我这花在哪里采到的。之后，他恭贺我说：“你发财了！”我不解地望着朋友，他兴奋地解释说：“这是兰花的一个稀有品种，许多人穷尽了一生都很难找到它。如在城市的花市上，这种腊兰一株至少价值万余元。”

我打电话把喜讯告诉了远在南方的朋友。朋友一听，也愣了。过了一会儿，他轻轻地说，其实，那株腊兰每年都要破土而出，只是他以为它不过是一株普通的野草，每年春天芽儿刚冒头就被他拔掉了。朋友不禁叹道：“我几乎毁掉了一种奇花啊，如果我能耐心地等它开花，几年前就能发现的。”

是的，我们谁又不曾错过自己人生中的几株腊兰呢？我们总是盲目地拔掉那些还没有来得及开花的野草，没有给它们开花结果证明自己价值的时间。

给每棵草开花的时间，给每个人以证明价值的机会，不要盲目地拔掉一棵草，不要草率地否定一个人，那我们将会得到多少人生的“腊兰”啊！

人生也有歧路

1899年，爱因斯坦在瑞士苏黎世联邦理工大学就读时，他的导师是数学家明可夫斯基。

有一次，爱因斯坦问明可夫斯基：“一个人，比如我吧，究竟怎样才能在科学领域、在人生道路上，留下自己的闪光足迹、做出自己的杰出贡献呢？”这是一个“尖端”的问题，明可夫斯基说他要好好想一想再予以解答。

3天后，明可夫斯基告诉爱因斯坦说答案来了！他拉起爱因斯坦就朝——处建筑工地走去，而且径直踏上了建筑工人们刚刚铺平的水泥地面。

在建筑工人们的呵斥声中，爱因斯坦被弄得一头雾水，不解地问明可夫斯基：“老师，您这不是领我误入歧途吗？”

“对，正是这样！”明可夫斯基说。“看到了吧？只有尚未凝固的水泥路面，才能留下深深的脚印。那些凝固很久的老路面，那些被无数脚步走过的地方，你别想冉踩出脚印来……”

听到这里，爱因斯坦沉思良久，意味深长地点了点头。

从此，一种非常强烈的创新和开拓意识，开始主导着爱因斯坦的思维和行动；他说：“我从来不记忆和思考词典、手册里的东西，我的脑袋只用来记忆和思考那些还没载入书本的东西。”正因为此，爱因斯坦才在科学史册上留下了深深的、闪光的足迹。

鲜花的承诺

初春时节，大约在爷爷中风前的一个月，我开始每天下午散步一小时。有一段日子，我常常向南步行 4 个街区，去看望爷爷奶奶。86 岁的爷爷仍是个了不起的花匠，所以我总是留意他那些最早盛开的鲜花和春天新开的每一片花海。

因为那年我打算美化自己的院子，所以对花特别感兴趣，渴望听到爷爷的建议。我以为自己非常清楚需要什么——满院子花草树丛，从 5 月一直开到 11 月。

爷爷就是那年春天在草坪里第一丛紫罗兰出现和连翘突然盛开后中风的。他无法言语，身体左半侧也无法动弹。家里所有人都聚到了爷爷身边。我们都花了很多时间守在他身边。有几天，他的眼睛炯炯有神——他一边笑我们报告的不幸，一边留意倾听，露出了他生活不能自理的痛苦。有一段日子，他大多数时间都处于睡眠状态，死亡随时都会向他逼近。

几个月过去了，我像爷爷一样望着地上的东西渐渐长大。我每次和他在一起，都要向他汇报花园的情况。他一边听，一边紧握着我的手。可是，他无法回答我的问题。很多新的花朵常常绽放、憔悴、枯萎，还没等我知道它们的名字就死去了。

从春天开始，爷爷周复一周疾病缠身，一直持续到夏天。我开始泡在当地的苗圃，研究、选种和栽培。我买了一些曾在爷爷的花园里见过的幼苗，恭恭敬敬种在自己的花园里，这让我感到特别开心。我在爷爷的花园里发现了自己喜欢多年的美洲石竹，以前一直不知道它的名字。而且我以爷爷的名义栽下了它。

我待在花园、守在爷爷身边时，一些真理悄悄涌现出来。我知道爷爷爱那些怒放的鲜花；他在花园里种了满满一苗圃的玫瑰。可是，我注意到爷爷留了很多空当，让光线暂时照进来。他的花园并不是每个角落都经常鲜花怒放。总有某个珍藏的惊喜躲在某个地方。

我最终也明白爷爷的花园是他一生的写照。他是一个勤劳的人，明白收获的规律。但说起辛勤劳动，爷爷知道如何享受每一个季节、每一种变化。

7 月，爷爷病情恶化。一个炎热的下午，其他人都不在他身边。有我在那里，他很高兴，就伸出一只手将我拉近。

我把自己学到的告诉了爷爷：能从 4 月开到 11 月的花寥

寥无几。大部分花最多只开一个月。为了真正欣赏花园，你必须在各个角落都种上花，美化花园，一丛丛一行行，鲜花开放，四季如春。

他用目光听着我的每一个字："爷爷，如果想要一个像你的一样的花园，我必须得去工作。"他咧开嘴对我笑了笑。

"爷爷，在您的人生中，现在菊花正在开放。菊花和玫瑰花。"泪水模糊了我们的眼睛。我们俩都不害怕秋天的最后一朵花，但在 11 月等待春天似乎太长，我们都知道我们会多么想念对方。

我坐在那里，突然感到我能给爷爷的最好礼物就是说出我们内心的箴言。他从来没有对我说过他的箴言，但我从来没有怀疑过的就是他人生中的这一部分。

"爷爷，"我开口说道，他嘴唇紧闭，好像知道我要说什么，"我想要你知道我有一个箴言。我知道救世主存在。我知道我们的天父爱你。"

我和爷爷都泪流满面。

8 月底、夏末之际，爷爷撒手而去。当大家都在花店为爷爷的葬礼选花时，我悄然离去，来到爷爷的花园。我一边走，一边回忆着那些耧斗菜和美洲石竹。现在只有高高的熏衣草和白色夹竹桃在开花，另一个角落还有一些水香花菜。

我一时冲动，剪下了最漂亮的几束夹竹桃和水香花菜，又给爷爷的葬礼装点了一番。看到这些花，亲友们都露出了微笑。我们都知道爷爷一定会多么喜欢。

爷爷去世后的 10 月，我种了一些郁金香、水仙花、雪花莲、藏红花和蓝铃花。对我来说，每一个花根都是一种安慰，都是送给爷爷的一份爱，都是春天的一份承诺。

生命就是小甜饼

我的一个病人是一名成功商人，他告诉我说，他患癌症前，如果事情没有按照某种方式发展，他就会情绪低落。对他来说，幸福就是“拥有小甜饼”。如果你拥有小甜饼，事情就一帆风顺。如果你没有小甜饼，生活就一文不值。不幸的是，小甜饼总是不断变化，有时是金钱，有时是权力，有时是性。在其他时候，它则是新车、数额最大的合同、享有声望的演讲。诊断出患有前列腺癌一年半后，他坐在那里，悲伤地摇了摇头。“长大后，我好像不去学如何生活了。当我送给儿子一块小甜饼时，他就开心。如果我拿走小甜饼或小甜饼破碎，他就不开心。但他才两岁半，我已经 43 岁了。我花了这么长时间才明白，小甜饼并不能使我长久幸福。你一拥有小甜饼，它就开始破碎，或者你就开始担心它会破碎，要么担心别人会从你手里拿走。你知道，你不得不放弃很多东西为我的是看护好小甜饼，防止它破碎，并确保别人不会从你手里拿走。因为你忙着尽力不让失去它，所以说不定没有机会去吃它。拥有小甜饼并不是生活的全部。”

我的病人笑着说癌症已经改变了他。无论他的生意是否一帆风顺，无论他在打高尔夫时是输是赢，他第一次感到幸福。“两年前，癌症问我：‘什么重要？什么才真正重要？’对，生命重要。生命。生命，无论你拥有什么样的生命，无论有没有小甜饼，幸福和小甜饼没有任何关系，而是和活着有关。可谁又能让时间倒回去呢？”他若有所思地停顿了一下，“我想生命就是小甜饼。”

生命的价值

一位著名的演说家举起一张 20 美元的钞票开始了演讲。他在一个 200 人的房间里问道："谁想要这 20 美元的钞票？"

人们的手都举了起来。他说："我准备把这张钞票给你们其中一个人，但首先让我这样做。"

他接着把 20 美元的钞票揉了揉，举了起来，然后问道："谁还想要？"那些手仍然举向了空中。

"好，"他回答说。"如果我这样做会怎么样？"他把钞票扔在地上，开始用鞋使劲在地板上踩。随后，他拾起钞票，现在钞票又皱又脏。"现在，谁还想要？"

那些手仍然举向空中。

"我的朋友们，你们都已经学到了非常宝贵的一课。无论我对这钱做了什么，你们都仍然想要它，因为它没有降低价值。它仍然是 20 美元。

“我们生命中会多次遇到挫折、坎坷，并让我们做出的决定和周围的环境逼到卑微的境地。我们感到自己似乎毫无价值。但无论发生什么和将会发生什么，你都永远不会失去自己的价值：无论是肮脏还是干净，无论是被揉成一团还是整齐折叠，对爱你的人看来，你都极其珍贵。

“我们的价值不在于我们做什么、知道是谁，而在于你是谁。

“你与众不同——永远别忘记这一点。”

想获得成功，首先自己就要充满自信

只要消除了自卑感，充满信心地进行努力，你就能克服一切障碍，适应任何环境！

任何有声誉的作家也有失误的时候。1842 年 3 月，在百老汇的社会图书馆里，著名作家爱默生的演讲激动了年轻的惠特曼：

“谁说我们美国没有自己的诗篇呢？我们的诗人文豪就在这儿呢！……”这位身材高大的当代大文豪的一席慷慨激昂、振奋人心的讲话使台下的惠特曼激动不已，热血在他的胸中沸腾，他浑身升腾起一股力量和无比坚定的信念，他要渗入各个领域、各个阶层、各种生活方式。他要倾听大地的、人民的、民族的心声，去创作新的不同凡响的诗篇。

1854 年，惠特曼的《草叶集》问世了。这本诗集热情奔放，冲破了传统格律的束缚，用新的形式表达了民主思想和对种族、民族和社会压迫的强烈抗议。它对美国和欧洲诗歌的发展起了巨大的影响。

《草叶集》的出版使远在康科德的爱默生激动不已。国人期待已久的美国诗人在眼前诞生了，他给予这些诗以极高的评价，称这些诗是“属于美国的诗”，“是奇妙的”、“有着无法形容的魔力”，“有可怕的眼睛和水牛的精神。”

《草叶集》受到爱默生这样很有声誉的作家的褒扬，使得一些本来把它评价得一无是处的报刊马上换了口气，温和了起来。但是惠特曼那创新的写法，不押韵的格式，新颖的思想内容，并非那么容易被大众所接受，他的《草叶集》并未因爱默生的赞扬而畅销。然而，惠特曼却从中增添了信心和勇气。1855 年底，他印起了第二版，在这版中他又加进了二十首新诗。

1860 年，当惠特曼决定印行第三版《草叶集》，并将补进些新作时，爱默生竭力劝阻惠特曼取消其中几首刻画“性”的诗歌，否则第三版将不会畅销。惠特曼却不以为然地对爱默生说：“那么删后还会是这么好的书么？”爱默生反驳说：“我没说‘这’是本好书，我说删了就是本好书！”执著的惠特曼仍是不肯让步，他对爱默生表示：“在我灵魂深处，我的意念是不服从任何的束缚，而是走自己的路。《草叶集》是不会被删改的，任由它自己繁荣和枯萎吧！”他又说：“世上最脏的书就是被删灭过的书，删减意味着道歉、投降……”

第三版《草叶集》出版并获得了巨大的成功。不久，它便跨越了国界，传到英格兰，传到世界许多地方。

惠特曼成功了，因为他对自己的作品充满信心。

树立坚定的自信心，努力奋斗，不仅会使人在事业上不断进取，达到预期目标，而且能使人在性格上重塑自我，增添人格的魅力，去争取并获得友谊与爱情的幸福。

在文学名著《简·爱》中，财大气粗、性格孤僻的庄园主罗杰斯特，怎么会爱上地位低下而又其貌不扬的家庭教师简·爱呢？因为简·爱自信自尊，富有人格的魅力。当主人罗杰斯特向她吼叫“我有权蔑视你”的时候，历经磨难的简·爱用充满超人的自信和自尊及由此带来的镇静的语气回答：“你以为我穷，不好看，就没有感情吗？……我们的精神是平等的，就如同你和我将经过坟墓，同样地站在上帝面前。”正是这种自信的气质，使她获得了罗杰斯特由衷的敬佩和深深的爱恋。

简·爱这个普通妇女的艺术形象，之所以能够震撼和感染一代又一代各国读者的心灵，正是她以自信和自尊为人生的支柱，才使自己的人格魅力得以充分展现。相貌平平者，不必再为你的貌不惊人而烦恼，因为“一个人越自信，他的性格越迷人”。增加几分自信，你便增加了几分魅力。

海伦这位全世界都知道的盲人成功者，她的成功靠的是什么呢？海伦的回答是：“自信的性格可以改变一切！”

海伦刚出生时，是个正常的婴孩，能看，能听，也会牙牙学语。可是，一场疾病使她变成既盲又聋的小哑巴——那时她才 19 个月大。

生理的剧变，令小海伦性情大变。稍不顺心，她便会乱敲乱打，野蛮地用双手抓食物塞入口里；若试图去纠正她，她就会在地上打滚乱嚷乱叫，简直是个十恶不赦的“小暴君”。父母在绝望之余，只好将她送至波士顿的一所盲人学校，特别聘请一位老师照顾她。

所幸的是，小海伦在黑暗的悲剧中遇到了一位伟大的光明天使——安妮·沙莉文女士。沙莉文也是位有着不幸经历的女性。

她 10 岁时，和弟弟两人一起被送进孤儿院，在孤儿院的悲惨生活中长大。由于房间紧缺，幼小的姐弟俩只好住进放置尸体的太平间。在卫生条件极差又贫困的环境中，幼小的弟弟 6 个月后就夭折了。她也在 14 岁得了眼疾，几乎失明。后来，她被送到帕金斯盲人学校学习凸字和指语法，便做了海伦的家庭教师。

从此，沙莉文女士与这个蒙受三重痛苦的姑娘的斗争就开始了。洗脸、梳头、用刀叉吃饭都必须一边和她格斗一边教她。固执己见的海伦以哭喊、怪叫等方式全力反抗着严格的教育。然而，最终，沙莉文女士究竟如何以一个月的时间就和生活在完全黑暗、绝对沉默世界里的海伦沟通的呢？

答案是这样的：自我成功与重塑命运的工具是相同的——信心与爱心。

关于这件事，在海伦·凯勒所著的《我的一生》一书中，有感人肺腑的深刻描写：一位年轻的复明者，没有多少“教学经验”，将无比的爱心与惊人的信心，灌注入一位全聋全哑的小女孩身上——先通过潜意识的沟通，靠着身体的接触，为她们的心灵搭起一座桥。接着，自信与自爱在小海伦的心里产生，把她从痛苦的孤独地狱中解救出来，通过自我奋发，将潜意识那无限能量发挥，步向光明。

就是如此：两人手携手，心连心，用爱心和信心作为“药方”，经过一段不足为外人道的挣扎，唤醒了海伦那沉睡的意识力量。一个既聋又哑且盲的少女，初次领悟到语言的喜悦时，那种令人感动的情景，实在难用笔述。海伦曾写道：“在我初次领悟到语言存在的那天晚上，我躺在床上，兴奋不已，那是我第一次希望天亮——我想再没其他人，可以感觉到我当时的喜悦吧。”

仍然是失明，仍然是瞎眼的海伦，凭着触觉——指尖去代替眼和耳——学会了与外界沟通。她 10 岁多一点时，名字就已传遍全美，成为残疾人士的模范——位真正的由弱而成为强者。

1893 年 5 月 8 日，是海伦最开心的一天，这也是电话发明者贝尔博士值得纪念的一日。贝尔博士这位成功人士在这一日成立了他那著名的国际聋人教育基金会，而为会址奠基的正是13岁的小海伦。

若说小海伦没有自卑感，那是不确切的，也是不公平的。幸运的是她自小就在心底里树起了颠扑不灭的信心，完成了对自卑的超越。

小海伦成名后，并未因此而自满，她继续孜孜不倦地接受教育。1900年，这个20岁就学习了指语法、凸字及发声，并通过这些手段获得超过常人的知识的姑娘，进入了哈佛大学拉德克利夫学院学习。她说出的第一句话是："我已经不是哑巴了！"她发觉自己的努力没有白费，兴奋异常，不断地重复说："我已经不是哑巴了！"4年后，她作为世界上第一个受到大学教育的盲聋哑人，以优异的成绩毕业。

海伦不仅学会了说话，还学会了用打字机著书和写稿。她虽然是位盲人，但读过的书却比视力正常的人还多。而且，她著了7册书，比"正常人"更会鉴赏音乐。

海伦的触觉极为敏锐，只需用手指头轻轻地放在对方的唇上，就能知道对方在说什么；把手放在钢琴、小提琴的木质部分，就能"鉴赏"音乐。她能以收音机和音箱的振动来辨明声音，又能够利用手指轻轻地碰触对方的喉咙来"听歌"。

如果你和海伦·凯勒握过手，5年后你们再见面握手时，她也能凭着握手来认出你。

这个克服了常人"无法克服"的残疾的"造命人"，其事迹在全世界引起了震惊和赞赏。她大学毕业那年，人们在圣路易博览会上设立了“海伦·凯勒日”。她始终对生命充满信心，充满热忱。她喜欢游泳、划船，以及在森林中骑马。她喜欢下棋和用扑克牌算命；在下雨的日子，就以编织来消磨时间。

海伦·凯勒，身为一个三重残废，她凭着她那坚强的信念终于战胜自己，体现了自身的强者价值。她虽然没有发大财，也没有成为政界伟人，但是，她所获得的成就比富人、政客还要大。

第二次世界大战后，她在欧洲、亚洲、非洲各地巡回演讲，唤起了社会大众对身体残疾者的注意，被英国《百科全书》称颂为有史以来残疾人士最有成就的由弱而强者。美国作家马克·吐温评价说：“19 世纪中，最值得一提的人物是拿破仑和海伦·凯勒。”

做自己命运的主人

《华盛顿邮报》是美国首都的第一大报纸，它以独到的见解和勇敢求实的风格而闻名于世，白宫的高级决策者们，无不在每天伊始首先阅读它。这家报纸的主人就是有着犹太血统的女强人——凯瑟琳·格雷厄姆。当初，凯瑟琳是在丈夫去世后仓促接管报纸的。处处都是男人，这是凯瑟琳遇到的第一个问题。她不得不对付他们，因为他们办事果断，能说会道，有抱负，有远见，信心十足，同他们相处很容易感到自己迟钝。男人本来就够难对付的了，何况他们又不是一般的男人，有时，看起来他们好像是用另一种语言讲话，这使她感到惊恐，感到自己不相称，因为他们懂的比自己多得多。

凯瑟琳找到老朋友李普曼，向他吐露了自己的心情。李普曼建议她每天阅读自己办的报纸，如有的报道她不理解，干脆把记者叫来，平心静气地在办公室问一些问题，从交谈中了解情况，把问题从专家们神秘的世界里挖掘出来，展开讨论。她逐渐了解到《华盛顿邮报》并不是一家特别好的报纸，一直存在着很多问题。于是，凯瑟琳决定改革。

报纸的兴旺关键在于人才。希拉德利原是《新闻周刊》的主编，在凯瑟琳的丈夫买下这家杂志之后，曾因一个女职员与他争风吃醋，两人成为情敌。但当下，为了事业，凯瑟琳断然决定把希拉德利安排到《华盛顿邮报》任副主编，并很快提升他为社长。希拉德利把一批普利策奖获得者、最有才华的明星都聚集在自己周围，组成了一个光彩夺目的记者群，《华盛顿邮报》焕然一新。到20世纪60年代末，该报的财政预算由1962年的290万美元提高到730万美元，工作人员增加了35%，报纸的页数从56页增加到100页，发行量增加了15%，年利润差不多是原来的两倍。

1971年，《华盛顿邮报》开始公开出售股票，但是，股票销售情况不好，股票公司有点迟钝，不知道如何销这种特别的股票，除此之外，华尔街有许多保留，他们信不过一个女人领导的公司。这样一来，凯瑟琳就不得不去参加华尔街分析家们推销股票的辩论会。出席辩论会的那天，凯瑟琳害怕得要命，但在发表讲话的过程中，她似乎一口气也没喘。她给人们留下了深刻的印象，表现出自己是一个坚强的有吸引力的女人。她成功了，几天内，股票上升了三个指数，凯瑟琳征服了整个华尔街。

相信自己一定能行

“日复一日，我会在各方面干得越来越好。”这是法国心理疗法专家埃米尔·库埃的名言。在 20 世纪 20 年代的英国和美国，这句话被成千上万的英国人反复念叨。当时，这是人们每天必不可少的事情。人们在每天规定的时间内重复这句话，每当头脑中闪现这一想法时也重复这句话。他们相信这样做能够增强自信，为事业和生活的成功做准备。

爱默生说：“自信是成功的第一秘诀。”自信能够产生一种巨大的力量，它的确能推动我们走向成功。

美国学者查尔斯 12 岁时，在一个细雨霏霏的星期天下午，在纸上胡乱画，画了一幅菲力猫，它是大家所喜欢的喜剧连环漫画上的角色。他把书拿给了父亲。当时这样做有点鲁莽，因为每到星期天下午，父亲就拿着一大堆阅读材料和一袋无花果独自躲到他们家所谓的客厅里，关上门去忙他的事。他不喜欢有人打扰。.

但这个星期天下午，他却把报纸放到一边，仔细地看着这幅画。“棒极了，查克，这画是你徒手画的吗?”“是的。”父亲认真打量着画，点着头表示赞赏，查尔斯在一边激动得全身发抖。父亲几乎从没说过表扬的话，很少鼓励他们五兄妹。他把画还给查尔斯，重新拿起他的报纸。“在绘画上你很有天赋，坚持下去!”从那天起，查尔斯看见什么就画什么，把练习本都画满了，对老师所教的东西毫不在乎。

父亲离家后，查尔斯只有自己想办法过日子，并时常给他寄去一些认为吸引他的素描画并眼巴巴地等着他的回信。父亲很少写信，但当他回信时，其中的任何表扬都让查尔斯兴奋几个星期，他相信自己将来一定会有所成就。

在经济大萧条那段最困难时期，父亲去世了，除了福利金，查尔斯没有别的经济收入，他 17 岁时只好离开学校。受到父亲留给他的话语鼓励，画了三幅画，画的都是多伦多枫乐曲棍球队里声名大噪的“少年队员”琼·普里穆、哈尔维、“二流球手”杰克逊和查克·康纳彻，并且在没有约定的情况下把画交给了当时《多伦多环球邮政报》的体育编辑迈克·洛登，第二天迈克·洛登便雇用了查尔斯。在以后的四年里，查尔斯每天都给《环球邮报》体育版画上一幅画那是查尔斯的第一份工作。

美国作家查尔斯到了55岁时还没写过小说，也不打算这样做。在向一个国际财团申请电缆电视网执照时他才有了这样的想法。当时，一个在管理部门的朋友打电话来，说他的申请可能被拒绝，查尔斯突然面临着这样一个问题："我今后怎么办？"查阅了一些卷宗后，查尔斯偶尔为自己写下备忘录，其中是十几句字体潦草的句子，写下了一部电影的基本情节。他在办公室里静静地坐了一会儿，思索着是否该把这项工作继续下去，最后拿起话筒，给他的朋友、小说家阿瑟·黑利挂了个电话。

"阿瑟"，查尔斯说，"我有一个自认为不寻常的想法，我准备把它写成电影。我怎样才能把它交到某个经纪人或制片商或任何能使它拍成电影的人手里？""查尔斯，那条路子成功的机会几乎等于零。即使你找到某人采用你的想法并把它变为现实，我猜想你的这个故事梗概所得的报酬也不会很大。你确信那真是个不同寻常的想法吗？""是的。""那么，如果你确信，哦，提醒你，你一定要确信，为它押上一年时间的赌注。把它写成小说，如果你能做到这一点，你会从小说中得到收入，如果很成功，你就能把它卖给制片商，得到更多的钱，这是故事梗概远远不能做到的。"查尔斯放下话筒，漫步走了好长一段路："我有写小说的天赋和耐心吗？"当他这样沉思时，他越来越有信心办成。他看见自己进行调查、安排情节、描写人物、开始撰写、然后润色……他要为它赌上一年时间。

一年零三个月后小说完成了，它在加拿大的麦克莱兰和斯图尔特公司得到出版，在美国的西蒙公司、舒斯特和艾玛袖珍图书公司得到出版，在大不列颠、意大利、荷兰、日本和阿根廷得到出版。结果，它被拍成电影——《绑架总统》，由威廉·沙特纳、哈尔·霍尔布鲁克、阿瓦·加德纳和凡·约翰逊主演。此后，查尔斯写了五部小说。

假如你有自信，你就会获得比你梦想的要多得多的成功。

1926 年，毕业于东京大学法律系的大村文年进入“三菱矿业”成为一名小职员。

当公司为新人举行欢迎会时，他对那些与他同时进入公司的同事说：“我将来一定要成为这家公司的总经理。”

他在豪言壮语之后，开始了他的长远计划。凭其旺盛的斗志与惊人的体力，数十年如一日，孜孜不倦地工作，如今当然远远超过众多资深的干部与同事，在毫无派系背景之下，完全凭借自己实力，中破险境，终于当上“三菱矿业”的总经理。

以三菱财阀的历史而言，未到 35 岁就成为直系公司的总经理，可说是史无前例。他的就职惊动了日本工商界人士，人们内心无不惊讶，并深感佩服。

无独有偶，在 1949 年，一位 24 岁的年轻人，充满自信地走进美国通用汽车公司，应聘做会计工作，他只是为了父亲曾说过的“通用汽车公司是一家经营良好的公司”，并建议他去看一看。

在应试时，他的自信使助理会计检察官印象十分深刻。当时只有一个空缺，而应试员告诉他，那个职位十分艰苦难当，一个新手可能很难应付得来，但他当时只有一个念头，即进入通用汽车公司，展现他足以胜任的能力与超人的规划能力。

当应试员在雇佣这位年轻人之后，曾对他的秘书说过，“我刚刚雇佣一个想成为通用汽车公司董事长的人！”

这位年轻人就是在1981年出任通用汽车董事长的罗杰·史密斯。

罗杰刚进公司的第一位朋友阿特·韦斯特回忆说：“合作的一个月中，罗杰正经地告诉我，他将来要成为通用的总裁。”高度的自信，指示他要永远朝成功迈进，也是引导他经由财务阶梯登上董事长的法宝。

做人要懂得重视自己的价值

无论是淤泥，还是清涟，对于莲藕的成长都起着不可缺少的作用，虽然我们平常对淤泥是决不会喜欢的，但是也不得不承认它有自己的价值所在。世界上万事万物的存在都有其意义，必不可少。

同样的，我们每个人也都有自己的意义，自己存在的价值。但是，很多时候，我们口头上承认每个人都有价值，但实际却存在很多偏见，无论是自己对自己，还是别人对自己，比如说：学校里用成绩来区分谁是好学生，谁是坏学生。只是重视这些外在的表现，而忽略了每个人的不同，个人都有自己的优势，不能单从某一方面就断定一个人是否优秀。每个人生来资质不一样，长处不一样，但没人生下来就是注定失败的人。每个人都能够培养自己生活的能力，活活泼泼，堂堂正正，成为社会的一分子。人们还能够在成功的路上摸爬滚打，努力创造自己的成功，这实在是很伟大的价值。人生而不同，没必要非得强求与他人一样的成绩，我们有独属于自己的成功，这就看个人的了。重视自己的价值，才能找到存在的意义，才能树立信心，奋勇在人生路上前进。

世界著名企业松下电器公司，成立于1918年3月，取得了比较大的发展。但是到1932年年初，作为创业者的松下幸之助，已经发现靠原来那样发展，已有很大局限。因此就召集干部发表了价值观：“我们的努力，正是为了提高全人类的生活水准、顺利地发展。也就是说，并不单指公司的业绩提高，或是保证从业人员的薪资，提高他们的生活水平，而有更大的意义——为社会全体的繁荣作最大的贡献。”正是有了这样的使命感，公司的业绩产生了很惊人的变化，员工们都说：“原来只知道好好干，而不知道为何而干。而现在，了解到工作的真正意义，应该更加努力。”此后的松下电器有了迅速的成长，在两年后，员工们的数目由1 000名增加为2 000名，在5年后增长为4 000名。

松下集团找到了自己的意义，所以在风雨飘摇的商场上屹立不倒。

二十世纪九十年代，美国斯坦福大学的詹姆斯·柯林斯与里·波拉斯，花了整整6年的时间，对美国等国家一些创立时间最久（有的长达100年）、最有建树的公司进行了深入的研究。其研究成果震惊了西方经济界：这些公司无一例外都是“目光远大的公司”，也就是说，是一些不仅赢利，而且有着存在于赢利背后的核心价值观和理想的企业。这些价值观和理想长期引导和激励着全公司的人，并且成为企业的生存和发展之本。如默克公司，是世界上最有名的制药企业之一。在过100岁生日的时候，出了一本书，书名是《价值观与理想：默克公司的100年》，书名连该公司是干什么的都没有说。为什么不说？因为该公司自成立不久，就推出了一系列的“超经济价值观”——如第一条：“我们的工作是维持和改善人类的生活。衡量我们一切行动的价值的标准是我们在这方面所取得的成就。”就是这样一个坚持“药是为人生产的，不是为利润”价值观的公司，成了世界医药界数一数二的企业。

默克公司跟松下集团一样，发现了自己的重大意义，所以他们都能够屹立不倒。

对于企业来说如此，对于个人也一样是这样的规律。发现自己的意义与价值，就等于成功了一半。

所谓“价值”，就是人们对某事作评价时，对之作出的是否“合算”、“有意义”的评价。

对价值的判断，甚至决定了人的生死存亡。著名心理学家弗兰克，在二战时被关进纳粹的集中营，甚至有一段时间他被关押进了号称有进无出的奥斯维辛集中营，那里的俘虏们被用于各种残忍的生活试验以及虐杀，很多人忍受不了那种折磨，只好乞求一死以解脱。弗兰克发现：很多放弃生存意志的人，都是由于感觉到自己已经“活得没意义”。相反，能坚持下来的人，往往是因为他们还有着“我还会有意义”的信念。弗兰克也用意义来支撑着自己，终于他盼来了二战的结束。后来，他成了“意义疗法”的创始人，并写了两部姐妹著作《无意义生活之痛苦》、《活出意义来》。

有一份美国统计资料表明：在美国大学生中，自杀已经成为位居交通意外之后的第二大死因。在对爱达荷州立大学60名自杀未遂的大学生进行的研究表明：85%的人自杀的根本动机，就是在生活中“再也看不到任何意义”！

找到自己的意义，肯定自己的价值，人们对于自己的价值的认知高低决定了自己事业的成败。

美国前总统西奥多·罗斯福，他小时候瘦弱多病，羞怯胆小，他经常梦想自己做一个强者，但在现实生活中却越来越体现出是一个弱者。为此罗斯福一家辗转搬迁，以便找个利于他养病的地方。后来，他终于明白：光靠改变环境解决不了自己的健康问题。他问自己：成为一个强壮而有力的人，在自己的生命中是不是占有至高无上的价值？回答说：“是！”再问自己：“为达到这一目标，是不是你愿意付出全力？”回答同样：“是！”于是，他得出一个结论：“成为强者是我的最大价值，我将竭尽全力，尽我所能！”

从此，他开始进行大量的体力活动，下决心以最大努力向病魔挑战。为了增强勇气和力量，他屡次折腕断臂，伤痕累累。后来进入哈佛大学，他又参加拳击运动。虽然经常被揍得鼻青眼肿，但一想起自己还没有尽最大力量，就毫不畏缩地继续下去，终于成为一名出色的拳击手。后来，在美国与西班牙发生战争中，他荣任“狂飙骑士”中校。圣胡安战役中的赫赫战功使他成了英雄，而“狂飙骑士”的形象则使罗斯福成了备受欢迎的军界和政界名人，1901 年当选了美国总统。

当你出现迷茫时，问一声“什么对我更重要”，以便指导决策。

江雅苓，她在悉尼的华人圈中地位显赫，30 岁就获得了澳洲政府授予的“太平绅士”荣誉，但是，江雅苓却曾经是一个很不自信的女人。

她曾经不懂得爱自己，虽然她住在台湾一个中产阶级家庭中，但由于父母貌合神离，她从小就没得到充沛的爱。22 岁，她和男友私奔到了澳洲。但是这个男人是个好逸恶劳的人，养尊处优地赋闲在家，等着江雅苓的薪水开饭。她不想此后的几十年过着相同的日子。她在给男友找了一份工作后，决绝地离开了他。

之后，江雅苓嫁给了一个大自己 26 岁的男人，和他一起创业，和他一起照料他与前妻的 4 个孩子。他在公司里，他主内，她主外，她为公司赚得盘满钵满。尽管如此，她却不愿自己有权利消费，相反，她供奉着 4 个孩子的奢侈花销。

她骨子里的自卑，仍时不时地困扰着她。一度，她还曾得了抑郁症，深陷迷思，她觉得，人生没有出路，生命怎么这么脆弱，在家里睡觉都可能毙命。当江雅苓告诉女朋友她不想活下去的时候，女朋友说出了让她终身难忘的话："江雅苓，整个唐人街都知道你是个可以做点事情的人！"一向不自信的她第一次受到高度赞誉，她振奋了，"既然别人都这么看我，我为什么不可以试一试！"

她开始懂得关切自己的感受，她把时间和精力投入到公益事业中。由于她的卓越表现，她经常成为当地报纸整版报道的人，30 岁时她荣膺了澳洲政府授予的"太平绅士"头衔，这意味着她的任何文件都不需要法律公正，她拥有至高的荣誉与信誉。

此时，江雅苓骨子里的不自信又在捣鬼："这一切都是别人高看了我而给我的，并不是我赚来的。"

因此，当环境部长力邀她参加一个监督公务员的委员会时，她畏缩了，直到逃不掉才去赴任。她所监督的公务员是管理动物园的，而在当地公务员本身就是有身份的人，所以只有社会名流才有资格监督公务员。在那个 4 人委员会中，既有动物专家，又有商界名流，于是江雅苓更觉得自己什么都不是，只是一只微笑的花瓶。但就是这只花瓶，受到了特别的褒奖，因为大家觉得她为动物园做了很多有益的事情。可是，当时欠缺自我价值感的江雅苓并不认同自己。

随着阅历的逐渐丰富，江雅苓终于领悟到了自己的价值："我个性里的无争总能把我推到一个有利的位置，当我坐到那个位置上的时候，我觉得欠别人的很多，于是拼命地做事情，而这种努力又使我赢得了下一个机会。"

现在的江雅事不无自豪："我是有生活情趣的、三八的、快乐的、能给周围人带来积极影响的女人！"

江雅苓已经领悟到了自己的价值，不再低估自己，现在快乐地过每一天的日子。我们呢？我们是否也能够像她一样，正确看待自己呢？

只要你不认输，就有机会

米契尔曾经是一个不幸的人，他的事迹激励了许许多多的人。

一次意外事故，米契尔身上 65%以上的皮肤都被烧坏了，为此他动了 16 次手术。手术后，他无法拿起叉子，无法接电话，也无法一个人上厕所，但以前曾是海军陆战队员的米契尔从不认为他被打败了。他说：“我完全可以掌握我自己的人生之船，我可以选择把目前的状况看成倒退或是一个起点。”6 个月之后，他又能开飞机了！

米契尔为自己在科罗拉多州买了一幢维多利亚式的房子，另外也买了房地产、一架飞机及一家酒吧，后来他和两个朋友合资开了一家公司，专门生产以木材为燃料的炉子，这家公司后来变成科罗拉多州第二大私人公司。

米契尔开办公司后的第 4 年，他开的飞机在起飞时又摔回跑道，把他胸部的十二根脊椎骨全压得粉碎，腰部以下永远瘫痪！“我不解的是为何这些事老是发生在我身上，我到底是造了什么孽，要遭到这样的报应?”

但米契尔没有放弃，他仍不屈不挠，日夜努力使自己能达到最高限度的独立自主，他被选为科罗拉多州孤峰顶镇的镇长，以保护小镇的美景及环境，使之不因矿产的开采而遭受破坏。

后来米契尔也竞选国会议员，他用一句“不只是另一张小白脸”的口号，将自己难看的脸转化成一项有利的资产。

尽管面貌骇人、行动不便，但米契尔却坠入爱河，且完成终身大事，也拿到了公共行政硕士，并持续他的飞行活动、环保运动及公共演说。

米契尔说：“我瘫痪之前可以做 10 000 件事，现在我只能做 9 000 件，我可以把注意力放在我无法再做的 1 000 件事上，或是把目光放在我还能做的 9 000 件事上，告诉大家，我的人生曾遭受过两次重大的挫折，如果我能选择不把挫折拿来当成放弃努力的借口，那么，或许你们可以用一个新的角度来看待一些一直让你们裹足不前的经历。你可以退一步，想开一点，然后你就有机会说：‘或许那也没什么大不了的!’”

只有意志坚强，才能拒绝被打败

美国著名性格心理学家威廉·詹姆斯说过：

“世界由两类人组成：一类是意志坚强的人，另一类是心志薄弱的人。后者面临困难挫折时总是逃避，畏缩不前；面对批评，他们极易受到伤害，从而灰心丧气，等待他们的也只有痛苦和失败。但意志坚强的人不会这样。他们来自各行各业，有体力劳动者，有商人，有母亲，有父亲，有教师，有老人，也有年轻人，然而内心中都有股与生俱来的坚强特质。所谓坚强特质，是指在面对一切困难时，仍有内在勇气承担外来的考验。”

在纽约附近有一个小镇，镇上有一位名叫罗伯茨的男孩，他十分可爱，也是位真正的男子汉，一个真正意志坚强的人。他是个天生顶尖的运动好手。不过在他刚入中学不久腿就瘸了，并迅速恶化为癌症。医生告诉他必须动手术，他的一条腿便被切掉了。出院后，他拄着拐杖返回学校，高兴地告诉朋友们，说他将会安上一条木头做的腿："到时候，我便可以用图钉将袜子钉在腿上，这谁都做不到。"

足球赛季一开始，罗伯茨立刻回去找教练，问他是否可以当球队的管理员。在练球的几星期中，他每天都准时到球场，并带着教练训练攻守的沙盘模型。他的勇气和毅力迅速感染了全体队员。有一天下午他没来参加训练，教练非常着急。后来才知道他又进医院做检查了，并得知罗伯茨的病情已恶化为肺癌。医生说："罗伯茨只能活六周了。"

罗伯茨的父母决定不要将此事告诉他。他们希望在罗伯茨生命最后的时期，能尽量让他正常过日子。所以，罗伯茨又回到球场上，带着满脸笑容来看其他队员练球，给其他队员加油鼓励。因为他的鼓励，球队在整个赛季中保持了全胜的纪录。为庆祝胜利，他们决定举行庆功宴，准备送一个全体球员签名的足球给罗伯茨。但是餐会并不圆满，因罗伯茨身体太虚弱没能来参加。

几周后，罗伯茨又回来了。他这次是来看篮球赛的。他脸色十分苍白，除此之外，仍是老样子，满脸笑容，和朋友们有说有笑。比赛结束后，他到教练的办公室，整个足球队的队员都在那里。教练还轻声地问他："怎么没有来参加餐会？""教练，你不知道我正在节食吗？"他的笑容掩盖了脸上的苍白。

其中一位队员拿出要送他的胜利足球，说道："罗伯茨，都是因为你，我们才能获胜。"罗伯茨含着眼泪，轻声道谢。教练、罗伯茨和其他队员谈到下个赛季的计划，然后大家互相道别。罗伯茨走到门口，以坚定冷静的目光回头看着教练说："再见，教练！"

"你的意思是说，我们明天见，对不对？"教练问。

罗伯茨的眼睛亮了起来，坚定的目光化为一种微笑，"别替我担心，我没事！"说完话，他便离开了。

两天后，罗伯茨离开了人世。

原来罗伯茨早就知道了他的死期，但他却能坦然接受。这说明他是个性格刚毅、意志坚强、积极思考的人。他将悲惨的事实化为富有创意的生活体验。他不像鸵鸟般将头埋进沙堆，逃避事实。他完全接受了命运，决定不让自己被病痛击倒，虽然，他的生命如此短暂，却仍能把握它，把勇气、信仰与欢笑永远留在他所认识的人们心中。一个能做到这一点的人，你还能说他的一生失败了吗？

跌倒了爬起来

有时候，保持必胜的信念也不能百分百的达到成功，这就需要适时的调整心态，改变你的行动规则，这将是下一次成功的开始，必胜的信念也包括失败后所表现的坦然。

比尔·盖茨告诫年轻人说：“成功者的秘诀是随时检视自己的选择是否有偏差，这不是完全的放弃自己的信念，而是合理地调整目标，不断向新目标转移，失败了再爬起来，轻松地走向成功。”

每个人在一生中都有一门重要的学问要学，那就是怎样去面对“挫败”，处理得好坏往往就决定人一生的命运是处于危机还是处于优势。要记住安东尼·罗宾的这句话：“面对人生逆境或困境时所持的信念，远比任何事都来得重要。”

爱默生说：“伟大高贵人物最明显的标志，就是他坚定的信念，不管环境变化到何种地步，他的初衷与希望，仍然不会有丝毫的改变，而终将克服障碍，以达到所企望的目的。”

要测验一个人的品格，看他失败之后的行动是最好的方法。失败能否激发他的更多的计谋与新的智慧？激发他内心潜在的力量？是让他有更强的决断力，还是使他变得心灰意冷呢？

“跌倒了再站起来，在失败中求胜利。”无数伟人都是这样成功的。

有人问一个孩子，你是如何学会溜冰的？那孩子说：“哦，跌倒了爬起来，爬起来再跌倒，这样便会了。”使人成功，使军队胜利的，就是这种精神。跌倒不意味着失败，跌倒了站不起来，才是真正的失败。

过去的奋斗史，在很多人眼中是一部极痛苦、极失望的伤心史。因此，回想过去时，很多人会觉得自己处处失败、碌碌无为，自己衷心希望成功的事情竟然失败了，他们所至亲至爱的亲属朋友，离他而去，也许他们曾经失掉了职位，或是营业失败，或者由于多种原因而不能使自己的家庭得以维系。在他们眼中，自己的前途似乎暗无天日。然而即便有各种不幸，如果你不向命运屈服，胜利就会向你招手。

失败是对一个人人格的考验，在一个人只剩下自己的生命时，内在的力量到底还有多少呢？没有勇气继续奋斗、自认挫败的人，那么他的能力便会消失。只有毫无畏惧、勇往直前、永不放弃的人，才会在失败之后有伟大的进展。

有人这样认为，已经失败多次了，再试也没有多大用处。

这种人太自暴自弃了！一个人的意志永不屈服，在他看来，无论成功是多么遥远，失败的次数有多少，最后的胜利仍然会属于他。狄更斯小说里的守财奴斯克鲁奇，开始时爱财如命、一毛不拔、残酷无情，他甚至把全部的精力都钻在钱眼里。可晚年时，他竟然变成了一个慷慨的慈善家，变得宽宏大量、真诚爱人。狄更斯的这部小说有着真实的背景，生活中也的确有这样的事实。人的本性都可以由恶劣变为善良，人的事业又何尝不能由失败变为成功呢？现实中有很多这样的例子，很多人失败了再起来，面对失败从不沮丧，抱着不屈不挠的无畏精神，向前奋进，最终获得了成功。

世界上有无数人，尽管失去了拥有的全部资产，然而他们并不是失败者。他们依旧有着不可屈服的意志，有着坚忍不拔的精神，凭借这种精神，他们依旧能成功。

真正的伟人，面对种种成败，从不介意，所谓“不以物喜，不以已悲”。无论遇到多么大的失望，绝不失去镇静，只有他们才能获得最后的胜利。在狂风暴雨的袭击中，心灵脆弱者只有坐以待毙，但意志坚定的人却仍旧充满自信。因此他们能够克服外在的一切境遇，去获取成功。

正如一位哲人所说：“失败，是走上更高地位的开始。”许多人之所以获得最后的胜利，只是受恩于他们的屡败屡战。一个没有遇见过大失败的人，根本不知道什么是大胜利。事实上，只有失败才能给勇敢者以果断和决心。

平等是生存立足的基本砝码

人与人是平等的，这是生存处世的出发点。松下电器公司创始人松下幸之助曾经说，总经理必须兼任替下属端茶的工作。当然，他的意思并不是真的要亲自端茶，而是说，身为领导者，不能虚无缥缈，而应与下属保持平等，让他们感受到一些实在的东西。比如，老板对员工不能说：“喂，某某你去做件事。”应该改为：“对不起，麻烦你做这件事。”看见尽责尽职的员工，应该满怀感激地说：“真是太辛苦你了，请喝杯茶吧。”这就显得相对平等多了。

松下幸之助无疑是深通生存之道的人，他知道，越是小人物，越是需要平等。因为小人物也有自尊心，却没有被人追随吹捧的机会，所以他们对别人的态度会非常敏感，他们内心有没有平等的感觉，将大大影响他们的情绪。

玛丽·凯曾经在一家公司当业务员。有一次，她参加了整整一天的销售训练课。课程结束后，由总裁做激励演讲，然后一一和大家握手。玛丽·凯怀着异常激动的心情排在队伍中。终于轮到她了，但总裁却连正眼都没有瞧她一下，冷漠甚至有些厌烦地从她的头顶望过去，看看后面还有多少人，根本没有觉察到玛丽·凯在和他握手。

总裁冷漠的眼神刺得玛丽·凯心里隐隐作痛。她感觉到，总裁根本就没有将员工真正放在心上，接见和握手只不过是一种形式，他们只不过是他的赚钱工具而已。

这件事使玛丽·凯深深地感到，作为一位领导者，在雇员眼中不仅要有权威，更重要的还要有人性。因此，她在创办企业之后，一直以这件事作为镜子，并选择马太福音里“我在帮助别人，别人也在帮助我”这句话，作为自己的座右铭，尽量做到公平对待雇员，尊重他们的人格，使每个人感觉到自己在公司的重要性。后来，尽管她的公司拥有20余万员工，尽管她已成为世界工商界的名人，但她每月仍然要抽出时间，接待从世界各地回到总部来轮训的几名雇员，并且请他们到家里来做客，用亲自烘焙的点心招待他们。她和每一个人热情地握手，并且亲切地交谈。每当她感到疲劳的时候，她总会想起自己当年排队和那位总裁握手时的情景，于是就会立即打起精神。她说：“我将给每一个来到我面前的人平等而全然的注意，不管我自己多么疲劳。”

正是对人的关爱，使她掌握了打开员工心灵之门的钥匙，看到了他们内心需要的东西并给予呵护——与人平等处事——从而也掌握了打开成功之门的密码。

信念不死，希望永存

模特儿出身的古巴美女奎罗特，在古巴是最红的体育明星之一。在1989年赛季中，她保持了在800米决赛中39次连胜的罕见记录，并被国际田联评为当年的世界最佳女选手。在1991年的夏天，奎罗特在哈瓦那举行的泛美运动会上，一举打破了400米和800米的大会纪录，她的胜利使古巴第一次在大型运动会的金牌榜上超过了死对头美国。这对于古巴人来说，绝不只是体育上的胜利。

然而，噩运却降临到奎罗特的头上。在1993年初的一次意外中，她被烈火焚烧，面容被毁，全身三度烧伤。深褐色的伤疤像火山喷射后的地面，纵横扭曲，在奎罗特昔日美丽的面颊、脖颈、肩头和手臂上刻下丑陋的伤痕，一个妙龄少女一夜间变成了丑八怪。祸不单行的是，奎罗特被烧伤10天后，怀孕6个月的女婴又引产夭折了，同时孩子的父亲也狠心地离开了她。

这种打击对于一个女人来说无疑是晴天霹雳。

奎罗特虽然奇迹般地活了过来，但心情却十分绝望。她的手指无法弯曲，胳膊无法抬起来梳头，烧伤的左脸经过植皮后像戴着假面具般平滑，脖子不能自由转动。看到镜中丑陋的自己，她几次都想到了自杀。然而，顽强的意志一直支持着她。在赛场上锻炼出来的忍耐力也发挥了极大的作用，.她的心境渐渐地平静下来。

只要信念不死，希望就永存。奎罗特又振奋起来。她的教练希威尔来医院看望她。隔着病房的玻璃向她招手。奎罗特冲他轻轻地拍着大腿，表示她的双腿依然安好无损。她要向厄运挑战。

植皮手术后两个月，她便开始做操、骑马，在医院的楼梯上跑上跑下。再过一个月，她居然出院了。看守她的一个护士说："我真不敢相信她会重新跑步。但在她开始训练时，我意识到她一定会成功，因为她有着超人的意志。她的病情恢复得惊人得快。"

5月13日，也就是烧伤不到4个月的一天清晨，奎罗特解开脖子上的托架，拆掉手臂上的绷带，在朝霞中重返跑道。她绕着体育场跑了5圈。下来后，她新长的皮肤瘙痒无比，烧伤的手臂也非常疼痛。但她无比兴奋地说："我又能跑了！"

11 月份，奎罗特参加了伤后的第一场比赛。在波多黎各举行的中美及加勒比海区运动会的 800 米比赛中，脖子和手臂上还有焦疤的奎罗特以 2 分 5 秒 22 的成绩赢得了银牌。回国后，古国总统卡斯特罗为运动员庆功时赞扬奎罗特说："这是我们有生以来见到的最令人难以忘怀的事情。奎罗特虽然只赢了银牌，但她以勇敢的精神赢得比金牌还宝贵的东西。"这位大胡子总统眼含热泪地拥抱了奎罗特。

奎罗特也认为这是一次永难忘怀的比赛。"我只能直着脖子跑，既不能左右转，也不能向上动，我觉得自己像个笨拙的机器人。许多人以为我不能再比赛，更不用说是拿到奖牌。我就是要用行动来向世界证明——残疾人也能创造奇迹。"

然而，真正的奇迹诞生在哥德堡的世界田径锦标赛上。1995 年 8 月 13 日，从烈火中跑出来的奎罗特站在世界强手如林的 800 米赛场上，她的脸上、手臂上依然是伤疤累累。这样一个残疾人能参加世界大赛已经是个奇迹，许多人都不忍细看这个受难者。发令枪响后，奎罗特在别人后面不动声色地跟着。受过伤的脸上没有汗水，一半暗红、一半鲜亮。但是，她那双眼睛射着逼人的光芒。在跑到离终点 100 米的直道上，奎罗特富有弹性的步伐突然加快，谁都没有料到这位古巴人会冲上来，而且具备如此强劲的冲击力。在一片惊呼声中，奎罗特首先撞线。

"1 分 56 秒 11"，她跑出了 1995 年世界最好成绩！

她的努力并没有停止，在 1996 年的亚特兰奥运会上她又夺得了 800 米的银牌。人们为她喝彩，古巴人也以她为荣。她坚定的信念使她在面临巨大的不幸后重新燃起了生的希望，她不仅仅是古巴人心中的女英雄，她还应该是全人类的骄傲。

忍得了屈辱，才能成就大事

在佛经里，“忍辱”的含义是很丰富的。挫折、打击固然要忍，成功与欢乐也要忍；逆来受，顺来也要受。

漫漫人生路，有太多的不如意，退一步是海阔天空，只要不忘记自己的最终使命，你还是你。忍得了屈辱，不仅是做事的诀窍，也是做人的智慧。

守端禅师的师父是茶陵郁山主，有一天骑驴子过桥，驴子的脚陷入桥的裂缝，禅师摔下驴背，忽然感悟，吟了一首诗：“我有神珠一颗，久被巨劳羁锁。今朝尘尽光生，照见山河万朵。”

守端很喜欢这首诗，牢牢地背下来。有一天，他去拜访方会禅师。

方会问他：“你的师父过桥时跌下驴背突然开悟，我听说他做了一首诗很奇妙，你记得吗？”

守端不假思索，完整地背诵出来。等他背完了，方会大笑一阵，就起身走了。守端愕然，想不出什么原因。第二天一大早，他就赶去见方会，问他为什么大笑。

方会问：“你见到昨天那个为了驱邪演出的小丑了吗？”

“我见到了。”

方会说：“你连他们的一点点都比不上呀。”

守端听了吓了一跳说：“师父什么意思？”方会说：“他们喜欢人家笑，你却怕人家笑。”守端听了，当场就开窍了。

如果你不能接受一次嘲笑，将会受到别人更多的挑剔和攻击。人生中如果你不能忍一时之痛，那么你的痛苦将是长久的。

其实，人生的各种境遇，都是我们学习的功课；有人能处逆境，却未必能处顺境。一个人将用什么样的心态，面对自己所处的环境？

《涅槃经》云：昔有一人，赞佛为大福德，相闻者，乃大怒，曰：“生才七日，母便命中，何者为大福德？”相赞者曰：“年志俱盛而不卒，暴打而不嗔，骂亦不报，非大福德相乎？”怒者心服。佛者坚忍之性，使怒者心服，不也说明了忍的功用吗？

忍耐有其功用，但也有其缺点，我们要学会活用一个“忍”字。其实人生并不能一味忍，如果人一味忍那就毫无生气可言。那忍气吞声的原因是什么呢？俗话说：天有不测风云，人有旦夕之祸福。“十年河东，十年河西”，事物是不断发展变化的，因此，绝不能被眼前的痛苦与困难吓倒，而要能忍受住它们的考验，以等待机会的来临。所以，要“忍”也要“会忍”。

忍可以促使一个人的身心成熟，以便大展宏图。漫漫人生路，忍乃胸中博闳之器局，忍之义，大矣。逆境当中固然要忍，韬晦待机。然忍之妙用，并非仅在于此，生活中万事皆不可离开忍。酒、色、欲、满、危……如若有忍相伴，便可进退相宜，不失其正。

西汉时的韩信，是淮阴人，家里贫穷，没有事干，他便在城下钓鱼，肉铺里有个人欺侮韩信说：“虽然你长得高高大大的，还老喜欢带着把剑游来荡去的，其实只是个胆小鬼罢了。”并且当众辱骂韩信说：“你如果不怕死，就刺我一剑；如果怕死，就从我裤裆下钻出去。”韩信仔细看看，想了一下，俯身从那人裤裆下爬了出去，全街的人都笑韩信怯懦。

后来，腾公向汉高祖刘邦说起韩信，开始时刘邦对他并没有很好的印象，因而也就没有重用他，所以韩信感到无用武之地就偷偷地逃跑了。萧何亲自追他，并对汉高祖说：“韩信是无双的国士，你要争得天下，非要韩信不可。所有计事的人都要拜请他，选一个日子，要斋戒、设立坛位、完备礼教才行。”刘邦答应了他，拜韩信为大将军。等到刘邦取得天下之后，韩信被封为齐王，位为淮阴侯。

中国有句俗语说："大丈夫能屈能伸。"讲的便是韩信胯下受辱的故事。试想，假如当时韩信逞一时之勇而与对方打斗，哪还有后日的那位常胜将军呢？正是韩信的巨大忍耐力，使其功成名就。《嘲天忏》称："人之所以富贵，为世人所尊重都是从忍辱中间得到的。"

唐代娄师德与其弟初入仕途都只是小官，但不久两人都被提升重用了。娄师德对他弟弟说："兄弟享受荣华富贵，这是人们所嫉妒的。你怎样才能避免呢？"他弟弟回答说："从今以后，如果有人向我脸上吐唾沫，我把它擦去便罢了。"娄师德伤心地说："你这样做还不够啊！人家往你脸上吐唾沫，是怨恨你，你擦它，正违反他的意愿，加重了他的怒气。往你脸上吐唾沫，不擦它，让它自己干好了，应当笑着接受下来。"正因娄师德的"忍"术高强，他才安安稳稳地做了三十年的宰相。

谚语说："得忍且忍，得戒且戒，小事成大。"这样才能成就大事，古语云："木秀于林，风必摧之。"一味趾高气扬，定无好果子吃。

而顽强忍耐者，定能走过大风大浪，最终成就大事。我们每个人都应抱定成功的信念来培养自己的性格与才智，能忍才能笑到最后。

忍耐也是一种感情，人有七情六欲，喜怒哀乐，人之常情也。然而情感这东西也需要调节，如果事事均由一时冲动而起，就有可能酿成大错。《孙子兵法》云：“主不可以怒而兴师，将不可以愠而致战。”因此发挥理智的作用，避免感情用事，才能避免“冲冠一怒为红颜”的鲁莽举动。

纵观历史，有容德乃大，有忍事乃济。所以，大凡心志高远，胸怀韬略的明达贤哲，都能够保持一种平静的心态，养成“忍”的性格，养成“忍”字功夫，从容不迫地处理各种难题。

三国时期，魏蜀对峙五丈原，诸葛亮为求速战速胜，大用激将法，骂城未已，又派人送妇女首饰、衣物给敌帅司马懿，嘲其怯懦，激其出战。但司马懿老谋深算，不为所激。他审时度势，看准了诸葛亮劳师伐远，粮草不足，宜速战不宜久持的弱点，采取了老虎不出场的方法，任你叫骂连天我也忍而不发。

《呻吟语》中说“忍、激二字，是祸福关”。可见忍和激这两种情绪的选择，就成为幸与不幸的分界点，司马懿获胜的关键就在于这个“忍”字。古人若此，今朝又何尝不是这样呢？

记得一位先哲说过，无论怎样学习，都不如他在受到屈辱时学得迅速、深刻、持久。屈辱使人学会思考，体验到顺境中无法体会到的东西；它使人更深入地去接触实际，去了解社会，促使人的思想得以升华，并由此开辟出一条宽广的成功之路。

做人要有骨气

琼斯的父亲加纳，在证券交易所当一名普通职员，不多的一点工资，一半用于医药费，一半用来接济比他们还穷的亲戚，日子过得紧巴巴的。

在这座小城里，唯一没有汽车的人家，就是琼斯家了。

“做人要有骨气。一个人有了骨气，就是有了一笔珍贵的财富。怀着希望生活，这就等于有了一大笔精神财富。”琼斯母亲常这样安慰家人。

在他们城市的市节那天，一辆崭新的别克牌汽车吸引了全城人的目光。这辆车作为奖品，在大街上那家最大的百货商店橱窗里展出，定在当晚以抽彩的方式馈赠给得奖者。

即便平时多么想入非非，也想不到他们这个在城里唯一没有汽车的人家会得到幸运女神的眷顾。所以，当高音喇叭宣布琼斯的父亲为这辆彩车得主时，琼斯简直不敢相信自己的耳朵。

父亲缓缓地开车驶过人群。好几次，琼斯想上车同父亲分享幸福的时刻，都被父亲赶开了。最后，父亲竟然吼道："滚一边去，让我清静一下！"

琼斯大惑不解，回家后，他委屈地告诉了母亲。母亲对父亲十分了解，她温和地说，"你误会你父亲了，他正在考虑一个道德问题，我想他很快会找到适当的答案的。"

"为什么？我们中彩得到汽车，难道不道德吗？"麦克疑惑地问。

"这就是问题的关键：我们根本就不应该得到汽车。"母亲说。

"不可能！"琼斯失态地大叫起来，爸爸中彩明明是大喇叭里宣布的。

"来，看看这个。"母亲指了指桌上台灯下放着的两张彩票存根。琼斯看到，存根的号码分别是"348"、"349"，中彩号码是"348"。

"你看看，这两张彩票有什么不同。"母亲说。

麦克反复看了几遍，终于发现，一张彩票的角落上有用铅笔写的不太明显的"M"字。

母亲解释说，这M字代表一个名字——麦斯波顿。

"麦斯波顿？"杰克有些不解。因为，麦斯波顿是爸爸交易所的老板。

“对。”母亲肯定地说。

原来，当初买彩券时，父亲对麦斯波顿说，他可以给麦斯波顿代买一张。“为什么不可以呢？”琼斯随口应道。老板说完，就出去了，也许他再也没有想过这事。“348”那张正是给麦斯波顿买的。

“汽车应该归爸爸！”琼斯激动地说，“麦斯波顿是一个千万富翁，家里有十几辆汽车，他不会计较这辆别克车的！”

“让你爸爸决定吧，”母亲平静地说，“他知道该怎么做的。”

这时，父亲进门径直去了里间，琼斯听到他给麦斯波顿打电话。翌日下午，麦斯波顿的两个司机上门，送给琼斯父亲一盒雪茄，然后开走了别克车。

琼斯一直到成年才拥有了一辆属于自己的汽车。他逐渐对母亲的那句“人有了骨气，就是有了一大笔财富”的格言有了深刻的理解。回首往昔时，琼斯才悟出，父亲打电话给麦斯波顿的时候，才是一家最富的时刻。

信誉如金

1835年摩根先生听一位朋友讲，不用马上拿出现金，只需在股东名册上签上名字，就可以成为一家小保险公司的股东之一，而且很快就会有收益。这是一家名叫“伊特纳火灾”的小保险公司，它专营火灾保险金。摩根先生很快成为它的股东之一。

天有不测风云。不久后，纽约突发了一场特大火灾。伊特纳火灾保险公司的股东们一个个慌了手脚，纷纷表示要退股。珍视自己信誉的摩根先生斟酌再三，决定舍财保信誉。于是，他卖掉了自己苦心经营多年的旅馆，低价收购了人家的股份，又通过别的融资渠道。很快将十万的保险金凑齐返还给了投保人。一时，伊特纳火灾保险公司的声誉鹊起。

已濒临破产的摩根先生此时怀里只剩下一个空空的伊特纳

火灾保险公司了。绝望中的他打出广告：本公司为偿还保险金已竭尽所能，从现在开始，再入本公司的保险，保险金一律加倍收取。

没有想到的是，有更多的人来到这家加倍收取保险金的小保险公司投保，因为在人们的心目中，伊特纳火灾保险公司的信用是可靠的。不久后，摩根先生不仅将自己原来的旅馆买了回来，还净赚了十多万元。

这位摩根先生不是别人，正是后来主宰美国华尔街金融帝国的 LP·摩根的祖父，是美国亿万富翁摩根家族的创始人。

一场突发的火灾可以展示出人的品质，可以成就一个家族的事业，这真是让人感到世事难料。

跌倒就要爬起来

人人都想成功，但人人都有可能遭遇失败。人在创业失败后，最重要的是做个输得起的人。

怨天尤人并不会带来好运，相反，它会让人觉得你是个输不起的人，即使你下一次创业的好运来临，他们也不会伸出援助之手。因此，失败后仍要保持风度，卧薪尝胆，以图再次创业的成功。

对于在创业初期或创业的过程中帮助过你的人，一定要诚恳、真挚地对待他们，尤其是那些给你提供了创业资金的人们。在你失败的时候千万不要躲避他们，也不要隐瞒他们，更不要欺骗他们。如实地把你的境况告诉他们，求得他们对你的理解，他们即便不能原谅你，也不必生气。

承认你对他们的负债，并且承诺他们的债权永远有效，当你有能力时一定分期偿还，请求他们的理解是你度过创业失败难关的第一关。

请清醒明白的朋友来帮助你分析你目前的处境并提供对策。再冷静的创业者在这种时候往往也不能清醒地对待自己的处境，因为你是当事人，“不识庐山真面目，只缘身在此山中”，这种失败的结果正是由于你的失误操作而造成的，在这个时候，你要听从亲友的劝告，从中找到经验教训。

这时候你必须面对严酷的现实。固定资产、现金、商标、专利、土地、专有技术、公共关系、客户，这些都是创业者的资源。这些资源中有价值的内容正是你可以翻身再创业的前提条件，在失败的创业者头脑中必须非常清楚，资源的重新组合就是你再创业的前期投入。

其实你也不用急于去反思失败的原因，因为这个时间你在未来的几个月或数年中有的是。一次创业失败后一般不可能马上就有再创业的机会，也许几个月，也许几年内你都没有机会，这是相当可怕的事。“屋漏偏逢连夜雨，船破更遇顶头风。”可见，再次创业的艰难。

所以，你应当在最短的时间里控制住你的情绪，学习新的创业理论和别人的成功经验以及学习你能够掌握的新的知识，这将有助于你开始新的创业实践。

能够抓住机会的人一定是不断充实和改造自己的知识结构并对商品有敏锐视觉的人。

当机会来临时，有人看不见，有人看得见抓不到，有人看见了也抓到了，有人看见了抓到了也把机会变成了金钱，希望你是最后一种人。

做事可以失败，做人不能失败

英雄可以被毁灭，但是不能被击败；英雄的肉体可以被毁灭，可是英雄的精神和斗志则永远在战斗。

很多人告诉自己：“我已经尝试过了，不幸的是我失败了。”其实他们可能没有搞清楚失败的真正含义。

大部分人在一生中都不会一帆风顺，难免会遭受挫折和不幸。但是成功者和失败者非常重要的一个区别就是：失败者总是把挫折当成失败，从而使每次挫折都会动摇他胜利的信念；成功者则是从不言败，在一次又一次挫折面前，总是对自己说：“我不是失败了，而是还没有成功。”一个暂时失利的人，如果继续努力，打算赢回来，那么他今天的失利，就不是真正失败。相反的，如果他失去了再战斗的勇气，那就是真输了！

美国著名电台广播员莎莉·拉菲尔在她 30 年职业生涯中，

曾经被辞退18次，可是她每次都放眼最高处，确立更远大的目标。最初由于美国大部分的无线电台认为女性不能吸引观众，没有一家电台愿意雇佣她。她好不容易在纽约的一家电台谋求到一份差事，不久又遭辞退，说她跟不上时代。莎莉并没有因此而灰心丧气。她总结了失败的教训之后，又向国家广播公司电台推销她的节目构想。电台勉强答应了，但提出要她先在政治台主持节目。“我对政治所知不多，恐怕很难成功。”她也一度犹豫，但坚定的信心促使她去大胆地尝试了。她对广播早已经轻车熟路了，于是她利用自己的长处和平易近人的性格，大谈即将到来的7月4日国庆节对她自已有何种意义，还请观众打电话来畅谈他们的感受。听众立刻对这个节目产生兴趣，她也因此而一举成名了。如今，莎莉·拉菲尔已经成为自办电视节目的主持人，曾两度获得重要的主持人奖项。她说：“我被人辞退18次，本来可能被这些厄运吓退，做不成我想做的事情。结果相反，我让它们鞭策我勇往直前。”

有些人总把眼光拘泥于挫折的痛感之上，他就很难再抽出身来想一想自己下一步如何努力，最后如何成功。一个拳击运动员说：“当你的左眼被打伤时，右眼还得睁得大大的，才能够看清敌人，也才能够有机会还手。如果右眼同时闭上，那么不但右眼也要挨拳，恐怕连命都难保！”拳击就是这样，即使面对对手无比强劲的攻击，你还是得睁大眼睛面对受伤的感觉，如果不是这样的话，一定会败得更惨。其实人生又何尝不是这样呢？

大哲学家尼采说过："受苦的人，没有悲观的权利。"已经受苦了，为什么还要被剥夺悲观的权利呢？因为受苦的人，必须克服困境，悲伤和哭泣只能加重伤痛，所以不但不能悲观，而且要比别人更积极。在冰天雪地中历险的人都知道，凡是在途中说："我撑不下去了，让我躺下来喘口气"的同伴，很快就会死亡，因为当他不再走、不再动时，他的体温就会迅速地降低，接着很快就会被冻死。可不是吗？在人生的战场上，如果失去了跌倒以后再爬起来的勇气，我们就只能得到彻底的失败。

拥抱痛苦

西方流行一个寓言：

一座泥像立在路边，历经风吹雨打。它多么想找个地方避避风雨，然而它无法动弹，也无法呼喊，它太羡慕人类了，它觉得做一个人，可以无忧无虑、自由自在地到处奔跑，那是多么美好的一件事。它决定抓住一切机会，向人类呼救。

有一天，智者圣约翰路过此地，泥像用它的神情向圣约翰发出呼救。

“智者，请让我变成人吧！”圣约翰看了看泥像，微微笑了笑，然后衣袖一挥，泥像立刻变成了一个活生生的青年。

“你要想变成人可以，但是你必须先跟我试走一下人生之路，假如你受不了人生的痛苦，我马上可以把你还原。”智者圣约翰说。

于是，青年跟智者圣约翰来到一个悬崖边。

“现在，请你从此岩走向彼岩吧！”圣约翰长袖一拂，已经将青年推上了铁索桥。

青年战战兢兢，踩着一个个大小不同链环的边缘前行，然而二不小心，一下子跌进了一个链环之中，顿时，两腿悬空，胸部被链环卡得紧紧的，几乎透不过气来。

“啊！好痛苦呀！快救命呀！”青年挥动双臂大声呼救。

“请君自救吧。在这条路上，能够救你的，只有你自己。”圣约翰在前方微笑着说。

青年扭动身躯，奋力挣扎，好不容易才从这痛苦之环中挣扎出来。

“你是什么链环，为何卡得我如此痛苦？”青年愤然道。

“我是名利之环。”脚下铁链答道。

青年继续朝前去。忽然，隐约间，一个绝色美女朝青年嫣然一笑，然后飘然而去，不见踪影。

青年稍一走神，脚下又一滑，又跌人一个环中，被链环死死卡住。

可是四周一片寂静，没有一个人回应，没有一个人来救他。

这时，圣约翰再次在前方出现，他微笑着缓缓道：

“在这条路上，没有人可以救你，只有你自己自救。”

青年拼尽力气，总算从这个环中挣扎了出来，然而他已累得筋疲力竭，便坐在两个链环间小憩。

“刚才这是个什么痛苦之环呢？”青年想。

“我是美色链环。”脚下的链环答道。

经过一阵轻松的休息后，青年顿觉神清气爽，心中充满幸福愉快的感觉，他为自己终于从链环中挣扎出来而庆幸。

青年继续向前走，然而没想到他又接连掉进了欲望的链环、嫉妒的链环……待他从这一个个痛苦之中挣扎出来，青年已经完全疲惫不堪了。抬头望望，前面还有漫长的一段路，他再也没有勇气走下去。

“智者！我不想再走了，你还是带我回原来的地方吧。”青年呼唤着。

智者圣约翰出现了，他长袖一挥，青年便回到了路边。

“人生虽然有许多痛苦，但也有战胜痛苦之后的欢乐和轻松，你难道真愿意放弃人生么？”

“人生之路痛苦太多，欢乐和愉快太短暂太少了，我决定放弃做人，还原为泥像。”青年毫不犹豫地说。

智者圣约翰长袖一挥，青年又还原为一尊泥像。

“我从此再也不受人世的痛苦了。”泥像想。

然而不久，泥像被一场大雨冲成一堆烂泥。

学会选择，懂得放弃

选择是人生成功路上的航标，只有量力而行地睿智选择才会拥有更加辉煌的成功；放弃是智者面对生活的明智选择，只有懂得何时放弃的人才会事事如鱼得水。做人就是要学会选择，懂得放弃。

有个男孩患了小儿麻痹症，落后的医学无法救他，他成了瘸子。因此，他的童年、青年时代是在痛苦中度过的。相对于这个世界，他是一名需要照顾的人，说白了，他就是“残废”。在别人或怜悯、或嘲笑、或漠然的眼光中，他的内心充满了自卑。他被自己的缺陷深深地击中了。他的名字叫罗斯福，美国人。

有个男人太高傲了，他的思想情绪特立独行，充满了叛逆精神，为此，皇帝很讨厌他，想狠狠地教训他一次。如果砍他头，那也罢了；但是，皇帝下流地阉割了他！这种奇耻大辱几乎可以毁灭一个男人的终生啊！无论生理上还是心理上，他都不再是一个正常人，甚至连“残废”的称号也不配！他是谁？他的名字叫司马迁，中国人。

他是一位米谷商人的第二个儿子，家庭富足，但他却认为自己的童年并不快乐，因为他自小便是个驼子。行动不便且不说，在别人眼中，他常常沦为小丑、笑料。他是孤立的、孤独的，世界与他之间一直拉开着巨大的距离，他难以逾越那道鸿沟。他成了一个“生活在别处”的人。他叫阿德勒，奥地利人。

罗斯福生命不息、奋斗不止的精神在美国是家喻户晓的。司马迁发奋著述，终成辉煌；《史记》在中国妇孺皆知。阿德勒虽不为多数人了解，但是，他独树一帜的心理学思想却与弗洛伊德并驾齐驱。

他们的成就与他们的缺陷形成鲜明对照。阿德勒在《自卑与超越》中认为，成功者离不开自卑，他们必须在自卑的动力驱使下，走出自卑的阴影，在更高、更远的地方寻找生命的补偿。

赵本山还是一个农民时，有人说他重活干不成，轻活不愿干，光会耍嘴皮子。但他没有等待，毅然选择了文艺之路，把嘴皮子耍成一门真功夫，成了小品界的红人。

罗大佑的《童年》、《恋曲 1990》等经典歌曲影响和感动了一代人。罗大佑起初是学医的，后来他发觉自己对音乐情有独钟，所以他弃医从乐，事实证明，他的选择是对的。

篮球飞人乔丹成名前曾尝试转行到一家叫伯明翰·巴伦斯的二流职业棒球队打棒球，因只取得了很一般的成绩而悻悻而归。

伽利略是被送去学医的。但当他被迫学习解剖学和生理学的时候，他偷偷地学习着欧几里得几何学和阿基米德数学，偷偷地研究复杂的数学问题。当他从比萨教堂的钟摆上发现钟摆原理的时候，他才 18 岁。

距斯特拉福德镇不远有一座贵族宅邸，主人是托马斯·路希爵士。有一天，刚二十出头的莎士比亚伙同镇上几名好事之徒，扛着大绳枪溜进爵士的花园，开枪打死了一头鹿。结果莎士比亚被当场抓住。在管家的房间里被囚禁了一夜。在这一昼夜间，莎士比亚受尽侮辱，被释放后便写了一首尖刻的讽刺诗，贴在花园的大门上。这下子惹得爵士火冒三丈，扬言要诉诸法律，严惩那写歪诗的偷鹿贼。于是莎士比亚在家乡呆不下去了，只好走上去伦敦的途程。正如作家华盛顿·欧文所说："从此斯特拉福德镇失去了一个手艺不高的梳羊毛的人，而全世界却获得了一位不朽的诗人"。

俄罗斯著名男低音歌唱家奥多尔夏里亚宾 19 岁的时候，来到喀山市的剧院经理处，请求听他唱几支歌，让他加入合唱队。但他正处在变嗓子阶段，结果没被录取。过了些年，他已成了著名歌唱家。一次他认识了高尔基，给作家谈了自己青年时代的遭遇。高尔基听了，出乎意料地笑了。原来就在那个时候，他也想成为该剧团的一名合唱演员，而且被选中了！不过，很快他就明白，他根本没有唱歌的天赋，于是退出了合唱队。

英国退役军人迈克·莱思曾是一名探险队员。1976 年，他随英国探险队成功登上珠穆朗玛峰。而在下山的路上，他们却遇到了狂风大雪。每行一步极其艰难，最让他们害怕的是风雪根本就没有停下来的迹象，这时，他们的食品已为数不多。如果停下来扎营休息，他们很可能在没有下山之前就被饿死；如果继续前行，大部分路标早已被积雪覆盖，不仅要走许多弯路，而且每个队员身上所带的增氧设备及行李等物都压得他们喘不过气来，步履缓慢，这样下去他们不饿死也会因疲劳而倒下。

在整个探险队陷入迷茫的时候，迈克·莱思率先丢弃所有的随身装备，只留下不多的食品，提出轻装前行。

他的这一举动几乎遭到所有队员的反对，他们认为现在到山下最快也要 10 天时间。这就意味着这 10 天里不仅不能扎营休息，还可能因缺氧而使体温下降导致冻坏肉体。那样，他们的生命都是极其危险的。面对队友的顾忌，迈克·莱思很坚定地告诉他们说："我们必须而且只能这样做，这样的雪山天气 10 天甚至半个月都有可能不会好转，再拖延下去路标也会被全部掩埋。丢掉重物，就不允许我们再有任何幻想和杂念，只要我们坚定信心，徒步而行就可以提高走的速度，也许这样我们还有生的希望！”结果，队友们采纳了他的建议，一路互相鼓励，忍受疲劳、寒冷，不分昼夜只用 8 天时间就到达安全地带。确实，恶劣的天气正像他所预料的那样从未好转过。

手捧阳光的男孩

费城的一天清晨，阳光斜射过整个的密林和高大的教堂。6 岁的约翰身穿破旧的衣服从远处走来，黑乎乎的小手里还捏着一块刚偷来的面包。

约翰在庄严的教堂门口站了一会儿，紧捏着面包又走了。

他是个孤儿，父母在二战中身亡，留下他在孤儿院里寂寞地生活了 5 年。他和很多孤儿院里的孩子一样，有很多的空闲时间。而更多的空闲时间，他们都无人照料，只好学着如何去偷那些他们想要的东西。

约翰相信上帝的存在，所以每个星期日的早上无论如何他都会到教堂门口去看一看，听一会儿那些人在里面唱歌或朗诵《圣经》。他觉得，只有在这个时刻他才是上帝的孩子，他原来离上帝是那么的近。可是，他不能进去，因为他的衣服很脏，这点约翰自己也知道。

约翰默默地数着，这是他第 45 个星期日站在这个教堂门口了。他踮着脚看了看，又站了一会儿，走开了。久而久之，牧师注意到了约翰，也从旁人的口中得知他就是那个喜欢在孤儿院里偷东西的小男孩。

第 46 个星期日，阳光明媚，约翰依旧用他那双黑乎乎的小手捏着一块面包来了。他刚站在那里，牧师便走了出来。他当时想跑，但却被牧师和蔼的笑容吸引住了。

牧师走到他身边，清楚地看到约翰的小手在发抖。

“你是叫约翰吗？”

约翰没有回答，只是看着牧师点了点头。

“你相信上帝吗？”牧师抚摸着约翰沾满灰尘的脑袋。

“相信，我相信！”这次约翰大声地告诉了他。

“那你相信自己吗？”

约翰看着牧师，没有说话。

牧师接着说：“从看到你第一眼时，我就觉得你和其他孩子不一样，因为你有一颗善良的心。”

约翰脸红了，怯生生地说：“其实，我是个小偷。”说完便低下了头。

牧师没有说话，而是握住了约翰黑乎乎的小手，缓慢地打开，放在了自己布满皱纹的脸上。

“啊！”就在同时，约翰惊呼着要抽开污黑的小手。可是，牧师却把他的小手紧紧地抓住，在阳光下摊开。

“看到了吗，约翰？”

“什么？”

“你的手里捧着阳光。”

约翰呆呆地看着自己的双手，它们何时变得如此美丽？

“在上帝的眼中，所有的孩子都一样。当他们主动摊开双手迎接阳光时，阳光自然就会照到他们。而你比他们多了两样东西，一是坚强，二是善良。”说完，牧师便将他领进了教堂。

这是约翰生平第一次走进这种神圣的地方，而此时他的内心已不是自卑和怯懦，而是无法泯灭的温暖。在那个怀抱阳光的早上，约翰找回了自己，还有从来不曾有过的自信、满足、幸福、梦想……

转眼20年过去了，这个曾用脏手紧握面包的男孩如今已经成了费城最有名的厨师，做出了许多受人喜爱的菜肴。每个星期日的上午，他都会亲自去孤儿院送上自己烤出的面包。而那些欢呼而来的孩子们都习惯在拿到面包之前自觉地摊开手掌。因为他们都知道，当我们主动摊开双手迎接阳光时，阳光自然就会照到我们。

常常走在阳光里

我已经 15 年没有走过我们的老农场了。然而，那些感情又潮水般涌来。我可以闻到新割的紫花苜蓿的清新气息，可以感觉到 7 月的一场清新的暴风雨过后阳光突然暖暖地照在湿湿的肩膀上。

无论雨天还是晴天，我每天沿着这条小路去看格丽塔。即使我刚和姐姐大吵了一架，她也总让我露出微笑。我常常帮格丽塔做家务。然后，我们常常放开肚子，吃她亲手做的巧克力饼干和冰淇淋。坐轮椅并不能阻止她成为一名出色的厨师。

格丽塔送给我两件有生以来最了不起的礼物。首先，她教会了我念书。她还教会我，我们争吵时要原谅姐姐，这意味着我不再感到委屈，而会感到快乐。

格丽塔的丈夫去世后，当地银行家丁金先生曾想取消她抵押给银行的房产的赎回权。幸亏爸爸和约翰叔叔帮忙，格丽塔才保住了所有的一切。爸爸说，他对一位能教会我念书的人只能这样尽他所能帮忙了！

很快，方圆几英里的人们都来买格丽塔做的蛋糕、馅饼、面包、饼干、苹果酒和冰淇淋。食品杂货店老板汉克每周都会给格丽塔送来供应品并从她这里进货。

格丽塔甚至让我给丁金先生送去一个大苹果馅饼。他也成了她最好的顾客和朋友。格丽塔就是这样做的。她可以把任何人都变成朋友！

格丽塔总是说："亲爱的，要经常走在阳光里！"

无论每天开始时多么糟糕，从格丽塔的小屋走回家时，即使是披着冬夜的星光，我总会感觉心情愉快。

今天太阳刚下山，我就来到了格丽塔家。一辆救护车已经停在她门前几英尺的地方。我跑进老房子时，格丽塔立刻认出了我。

她那双令人难忘的蓝眼睛闪动着向我微笑。当她伸手轻抚我的手臂时，她几乎上气不接下气。她最后对我说的话是："亲爱的，要常常走在阳光里！"

我相信格丽塔正走在她所见过的最明媚的阳光里。而且，我也相信她听到了我在她的追悼仪式上念的每一个字。

我选的是利奥·巴斯卡格里亚的一首优美的诗。这正是格丽塔多年前教我念的一首诗。

“爱从来不会衰败。

秀发会失去原有的光彩。

脸颊会日渐黯淡消瘦。

但有爱的心中，

从来没有冰霜寒冬，

夏天的温热永远依旧。”

露水里的阳光

我想起了那个到处都沾满露水的清晨。少女捧着一片叶子，轻轻吮吸叶片上的露水。在雾蒙蒙的清晨，我仿佛看见了一位不食人间烟火的精灵，我不敢发出声响，怕尘俗的喧嚣惊扰了她。

我深深地注视她和她身边一滴滴亲切的露水。

她动了动，只是用手拢了一下头发。我还认为她要飞走，看，她的羽毛有多轻啊！

她看到我了，冲我微笑。

“莫非你是个精灵？”我揉了揉眼睛问道。

她灿烂地笑起来，把阳光一下子引到了这里。太阳伸着懒腰，和她争抢着露水。

“我真是个精灵就好了。那样，等我走时，妈妈就不会那么伤心了。”她的声音又轻又细，仿佛自言自语。

“走？你要去哪里？”

“去天堂啊，爸爸妈妈不告诉我得了什么病，但我知道自己得的是绝症。他们说只要我每天早晨坚持喝露水，病就会好的，一年了，我总是赶在阳光出来之前来到这里，来晚了，露水就会被太阳喝光的。”她又恢复了快乐的情绪。

我不敢想象，眼前这个美丽得一尘不染的少女竟然身患绝症。她是人世间多么美丽的一朵云啊！她让我想起了婴儿的诞生，那么纯净，那么安详。此刻，她纯净的灵魂正贴着草叶飞驰，无论如何也无法让人相信，死亡正在身后追赶着她。

这是我7天假日的最后一天，我的生命因为这一天而变得异常鲜活起来。我是来躲避烦恼的，想用7天假日去击败一个流言。现在，我感觉到所有的烦恼都被露水洗掉了，同时感受到生命的清新和愉悦。少女说：“我已经比医生预测的死亡时间多活了6个月，我已经创造了神话，我为什么不开心呢？”

少女最终还是去了，很诗意地到天堂去赴上帝的约会了。如果用少女的乐观思想解释死亡的话，我想她一定会说：“去晚了，通往天堂的台阶会生满青苔。”

她走的那个早晨，我吸了最后一口露滴，这最清澈的水，在这个时候，注满了我身体内部那些简朴的陶罐。

我来到她的墓前，把自己采集来的露水一滴一滴地洒了下去。我想让少女身边的这一滴滴水，护送她那颗纯净的灵魂，安然抵达上帝的花园。

那一刻，我仿佛看到了少女天使般的身影和永不褪色的笑脸，而我却忧伤了。现在我知道，要唤醒我那凋谢的、逐渐枯萎的年华，只需她的嘴唇，在阳光隐遁之前，轻轻地唤出我的名字。

她竟回应了我！晴朗的天空下，一朵云悠悠飘过，带来一场又轻又细的雨，我知道，那些雨滴一定是她安慰我的话语，又轻又细，但饱含生命的力量。

那么，我还有什么理由躲闪尘世中一个个接踵而至的烦恼呢？况且，我们之间的对话从来就没有间断过——

我问她："为什么每天早晨的太阳总是如此新鲜？"

她说："因为太阳每个早晨都在用露水洗脸。"

幸福像阳光一样

詹姆斯·巴克汉说："有一位非常可爱的老先生，他每天早上坐8点半的火车进城。我不知道他的名字，但我比城里任何人都熟悉他。无论离多远，只要你能看到他，他就会露出快乐的神情。他的脸上总是带着微笑，他只要一开口，所说的话都是那样亲切、谦恭、愉快。所有人都向他鞠躬致敬，就连陌生人也是这样；他也向所有人鞠躬致敬。如果天气晴好，他那令人愉快的问候会使天气显得更加晴好；如果是雨天，他讨论天气时的乐观语气则像彩虹一样美丽。"

惠普尔说："有些人具有天生的亲切感。"那些人无论走到哪里，都会带来阳光；这里所说的阳光是指对穷人的怜悯、对痛苦者的同情，对不幸者的帮助和对所有人的善行。

每个人都喜欢快乐的人。他那张脸就是前往各地的通行证，所有的大门都对他敞开。他常常消除偏见和嫉妒，因为他总是把好意带给每个人。他像阳光一样受到所有家庭的欢迎。

卡莱尔在他的《回忆录》里说到了爱德华·欧文乐观助人的性格："他平静、乐观、亲切。欧文的话语对我来说就是一种充满幸福和新希望的声音。"

绍迪对威廉·威尔伯福斯这样赞美道："我从来没有见过其他任何人能像他这样享受永久的平静和精神的阳光。"

戈德史密斯在佛兰德斯时，发现了一个他所见过的最快乐的人。这个人干活时从早到晚歌声和笑声不断。然而，这个性情乐观的人是一个奴隶，残废、丑陋、戴着脚镣。他充分证明了那句话：如果没有光明的一面，就去改善阴暗的一面！

在一次花展上，一个苍白病弱的小女孩夺得了一等奖。她住在伦敦东区的一个狭窄、阴暗的庭院里。评委问她是怎样在这样一个肮脏、阴暗的地方种出了如此美丽的花。她回答说，是一小缕阳光照进了庭院，每天早上太阳一出现，她就把花放在这缕阳光下，随着光线移动，她也移动花盆，这样她就可以让花儿一整天在阳光下。

"水、空气和阳光这三种最有益健康的因素是免费的，人人都能得到，"沃尔特·惠特曼说，"12 年前，我来到卡姆登想死。但我每天走进乡村，沐浴在阳光下，和小鸟与松鼠共同生活，和那些鱼儿在水里嬉戏时，我从大自然中得到了健康。"

弗洛伦斯·南丁格尔说："在我照顾病人的所有经历中，

有一种观点说病人对灯光的需要仅次于对新鲜空气的需要，这是一个不合格的结论。在一个封闭的房间里，对病人伤害最大的是房间的阴暗；他们需要的不仅是灯光，而且他们需要阳光的直射。”

太阳使万物生长，同时发挥着最令人愉快的影响，使人精神振奋、心情愉快。如果一个人心里拥有阳光，他就会走上幸福之路；在压力下也愿意向前看，即使有片刻沮丧，也不会减少一丝精神或希望；不仅自己幸福，而且把幸福送给他人。

一只蜜蜂的威力

几年前夏天的一个下午，我在清理山上的灌木丛，连续干了好几个小时后，决定吃午饭犒劳一下自己。我坐在一根圆木上，打开一块三明治，观察着层峦叠嶂的山景，只见两条汹涌的小溪呼啸着流过林木茂密的峡谷后汇合成一泓清澈见底的深潭。

要不是一只固执的蜜蜂一直在我身边嗡嗡乱叫，我的田园生活情趣本应是非常完美的。这是那种干扰野餐者的普通蜜蜂。我不假思索就将它赶跑了。

蜜蜂毫不畏惧，又飞回来朝我嗡嗡叫了起来。这次，我失去耐心，猛地把这个害虫拍到地上，并用靴子将它踩进了沙地里。

过了一会儿，发现脚下沙地微微响了一声，我吃了一惊，折磨我的这个东西拼命扇着翅膀又钻了出来。这次，我不再给它机会了。我站起来，用我 210 磅的体重将这只昆虫踩进了沙地里。

我再次坐下来吃午饭。几分钟后，我感到到脚边又微微动了一下。只见那只受伤却仍活着的蜜蜂又从沙里有气无力地钻了出来。

我被它的生命力迷住了，弯下腰去查看它受的伤势。右边的翅膀相对完整，但左边的翅膀被压得像一张纸一样。不过，这只蜜蜂一直在慢慢地上下拍动着翅膀，好像要确定一下自己的伤势。同时，它也开始修整起沙土包裹的胸部和腹部。

接下来，蜜蜂把注意力转向了左边被弄弯了的翅膀，迅速用腿在翅膀上滑动捋平翅膀。每捋一段时间后，蜜蜂就嗡嗡嗡扇动翅膀，似乎要测试它的提升力。这只没有希望的瘸子还以为自己能飞呢！

为了更好看清它无效的努力，我双膝两手趴在地上；进一步细查之后，证实这个蜜蜂完了，它肯定不行了。作为一名富有经验的飞行员，我对翅膀了如指掌。

但蜜蜂对我的超人智慧并不在意。它似乎在积蓄力量，并加快了修复的速度。由于翅脉弯曲，使它轻而薄的翅膀变得僵硬，但现在几乎又平展起来了。

最后，蜜蜂感觉有足够的信心可以试飞一次了。随着一阵清晰可闻的嗡嗡声，它离开了地面，然后飞到了距离不足 3 英寸的一个沙丘上。小东西撞得太猛，所以翻滚了几下。接着是拼命捋翅和收缩屈伸。

蜜蜂再次飞起，这次飞了6英寸，然后撞到了另一个土墩上。显然，蜜蜂已经得到了启动翅膀的力量，但还掌握不住方向。像飞行员在学习掌握一架奇怪飞机的特性一样，它在试飞几个短途，最后落得很不光彩。每次坠落后，蜜蜂都拼命动作，以纠正新发现的结构上的不足。

它再次起飞，这次清除了身上的沙子，径直朝着一个树桩飞去。它偏了一点，躲过树桩，检查了前飞的速度，绕了一圈，慢慢地飞过镜子般明亮的湖面，仿佛是要欣赏自己的倒影。蜜蜂消失后，我才意识到自己仍跪在地上；之后，我又跪了好一阵子。

上帝咬过的苹果

我的手指还能活动；我的大脑还能思维；我有终生追求的理想；我有爱我和我爱着的亲人与朋友；对了，我还有一颗感恩的心……谁能想到，这段豁达而美妙的文字，竟是出自一位在轮椅上生活了30多年高位瘫痪的残疾人。

这位残疾人是谁？他就是世界科学巨匠斯蒂芬·W.霍金。一次，在学术报告结束之际，一位年轻女记者不无怜悯地问："霍金先生，疾病已将你永远固定在轮椅上，你不认为命运让你失去太多了吗？"面对这个有些突兀和尖锐的提问，霍金显得很平静，他的脸依然带着微笑。他用那根还能活动的手指，艰难地敲击键盘，敲出了以上的那段文字。

对霍金来说，命运非常苛刻。他口不能说，腿不能站，身不能动，失去了许多常人拥有的最基本的生存条件。可是，霍金仍感到自己很富有，比如，一根能活动的手指，一颗能思维的大脑……这些都让他感到满足并对生活充满了感恩。

有人说，每个人都是被上帝咬过后的苹果，只因上帝特别喜爱某些人的芬芳，所以才对他咬得特别重。霍金就是这样一只苹果，上帝给了他残缺的肢体，却让他拥有了一个芳香的心灵。

生活给予每个人的都不会太少。只要好好珍惜，不断用心打造，你就能拥有生命的芬芳。

感激是唯一的态度

大约 20 年前，我住在西雅图，正经历着坎坷。我经验丰富，拥有硕士学位，却找不到满意的工作，感到特别难受。让我羞愧的是，当时我驾驶一辆校车勉强度日，和朋友住在一起。要知道，我失去了自己的房子。我应聘一家公司，经历了五轮面试。一天，我就要出车时，对方打来电话说我没应聘上。我向车库走去时，失魂落魄。

那天下午晚些时候，我开着校车转到一片安静的郊区的居民区时，内心闪过了一个念头——像精神病患者的早期治疗——来自我的内心深处。我想："为什么自己的生活变得如此艰难？""给我一个征兆，我请求过……"

很快，我把车停住，一个小姑娘要下车。她经过我身边时，递给我一只耳饰，说保管住，以防有人认领。耳饰上面压有金属印，被漆了黑色，写的是“一定要幸福”。起初，我很生气——是啊，是啊，我想。接着，它让我忽然明白了。我一直一门心思用在想我的生活出的问题上，而不是我的生活的美好！我当即决定列出50件感激的事情。

一开始，很难列出来，后来就变得容易了。我决定将这个习惯坚持到75岁。有天晚上，一个电话打到了我朋友的家中要求找我，是一家大医院的女经理打来的。大约一年前，我向一所社区大学递交过一份课程提纲，要求去教一门成功应对压力的课程。她问我是否愿意给200名医院职工做一场为期一天的讲习会。我答应了，得到了这份工作；我跟那家医院的职工们相处得很融洽。我受到了欢迎，获得了更长久的工作。直到今天，我都非常清楚，那全是因为我转变为感激生活的态度。

顺便提一下，我找到那个耳饰后第二天，那个小姑娘问我是否有人认领。我告诉她没有，她说：“我猜当时它是为你准备的。”

接下来的一年，我一直都在西雅图各地给车间工人们做培训，后来决定冒着一切风险回到我以前生活过的苏格兰。我关掉了只有我一个人的生意，买了一张飞机票，从移民局获得了半年签证。一个月后，我见到了我那漂亮的英国妻子和交了15年的挚友。现在我们住在一所漂亮的小别墅，距离苏格兰高地的一条道路两英里。

多年来，“感激是唯一的态度”已经成为我的座右铭，彻底改变了我的人生。

向下看与向上看

一个年轻人小有成就，便开始自我满足，看不起人。

有一天，年轻人和一位智者结伴而行。一路上，年轻人夸夸其谈、趾高气扬，而智者却沉默不语。当他们到达一个山顶时，智者问："向下看，你看到了什么？""我看到了树林、农田、房舍，还有像蚂蚁般大小在田间劳作的人们。"

"那你有什么感受呢？""万物都在我之下，我好像就是大地的主宰。""如果向上看，你会看到什么呢？""我看到了更高的高山、高山上的白云、白云上的蓝天。"

"那你又有什么感受呢？"年轻人一时语塞。"一个懂得向上看的人，才能清醒地认识自己所处的位置；一个明白头顶永远是一片蓝天的人，才不会愚蠢地把自己摆到至高无上的地位。"

年轻人恍然大悟，从此变得好学上进、谦虚待人。

人生的教训

“一切都会好的。”每当我面临失望时，母亲都会说。“如果你坚持下去，总有一天好事会出现。”

1932年大学毕业时，我才发现母亲说的没错。当时，我决定在电台找一份工作，然后通过奋斗，当一名体育播音员。我搭便车来到芝加哥，敲了每一家电台的门，每次都被拒之门外。

在一家演播室，一位好心的女士告诉我说，大电台都不可能冒风险去聘用没有经验的人。“找一家小电台，它会给你一个机会的。”她说。

我搭便车回到家乡伊利诺伊州迪克森。迪克森没有无线电播音的工作。父亲告诉我说，蒙哥马利·沃德开了一家商店，想在当地聘用一位运动员管理体育部。因为迪克森是我中学曾打过橄榄球的地方，所以我就提出了申请。这份工作对我正合适，但我还是没被雇佣。

我的失望之情一定是露了出来。“一切都会好的。”妈妈提醒我说。爸爸将车给我，让我去找工作。我去了依阿华州达文波特 WOC 电台试了试。节目主管是一个名叫彼得·麦克阿瑟的了不起的苏格兰人。他告诉我说他们已经雇佣了一名播音员。

我离开他的办公室时，大声问道：“一个在广播电台都找不到工作的人怎么能成为一名体育播音员呢？”

我等电梯时，听到麦克阿瑟朝我喊道：“你说的体育是怎么回事？你知道橄榄球吗？”于是，他让我站在麦克风前，请我为一场假想的比赛解说。

在前一年的秋天，我的球队在最后 20 秒以 65 码的距离赢得了一场球。我对那场球赛做了 15 分钟的精彩解说。彼得告诉我可以为星期六的比赛解说！

在回家的路上，我想到了母亲的那番话，从此多次都是这样：“一切都会好起来的。如果你坚持不懈，好事总有一天会到来。”

我常常想，如果得到了蒙哥马利·沃德的那份工作，我的人生会通向何方。

神奇的礼物

12 月的一个寒冷的下午。一个大约八、九岁的小女孩站在一条小街的一家商店门前。她的脸紧贴着商店橱窗。橱窗里有好多好多漂亮东西。小女孩睁着大大的眼睛认真地看着那些珠宝，仔细地一一打量着。随后，她露出了微笑，从橱窗边走开，走进了那家商店。

商店里没有多少光亮。但小女孩能看得到商店里琳琅满目。柜台里还有更多的珠宝。而且还有好多其他的东西，她甚至都叫不上它们的名字。

小女孩进来时，皮特·理查兹正站在柜台后面。他大约 30 岁，看上去非常孤独。他在看小女孩时，目光冰冷。她对皮特说：“请你让我看看橱窗里的项链好吗？”

皮特从橱窗里拿出项链，举起来让小女孩看。这是一条非常漂亮的项链，上面串着一串蓝色的珠子。

“正合适，”小女孩说。“请你给我用漂亮的纸给我包裹一下好吗？”皮特用冰冷的目光看着小女孩，问道：“你是为某个人买吗？”“是为我的姐姐买的。她常常关照我。你明白，这将是我们的妈妈去世以来的第一个圣诞礼物。我一直在为她找一件神奇的礼物。”

“你有多少钱？”皮特问。小女孩从上衣口袋里掏出了一把便士，将它们放在柜台上。“我就有这么多，”她简明地解释说。“我一直为给姐姐买礼物攒钱。”

皮特·理查兹沉默了一会儿。他又看了小女孩一眼。她是一个漂亮女孩，她的头发像阳光一样金黄，眼睛像大海一样湛蓝，而且蓝色的眼睛里总洋溢着快乐的神情。这一下子打动了他。随后，他将项链上的价格标签取下来，这样小女孩就看不到了。他怎么能告诉她价格呢？

“请等一会儿，”皮特走到商店的后部。“你叫什么名字，小姑娘？”他一边忙着某件事，一边向她大声问道。

“琼·格雷斯。”女孩回答说。

当皮特回来时，他一只手里拿着一个包裹。那是用漂亮的圣诞纸包着，还扎着绿丝带。“给你，”他说。“别在回家的路上丢了哟。”

小女孩冲他开心地微微一笑，然后转过身，跑出了商店。皮特透过大橱窗望着她，直到她消失在茫茫人海中。琼·格雷斯使皮特想起了他伤心的往事。几年前，皮特爱一个女孩。她的头发和眼睛的颜色跟琼·格雷斯的一模一样，而且她也是想要那种项链。但在一个雨夜，那个女孩被一辆汽车撞死了。皮特充满了悲伤，开始过起了一种孤独生活。有时他跟来商店的人说话，但下班后，他就一个人与悲伤相伴。现在，琼·格雷斯的蓝眼睛使他又想起了他所失去的一切。痛苦是那样巨大，在接下来的10天里，他甚至想从来他的店里买圣诞礼物的人身边逃走。

圣诞节前夜来临了。最后一个顾客离开了他的商店。皮特在柜台后面坐下来，很快就陷入了沉思。

突然，门开了。一个年轻女人走了进来。皮特抬起头，吃了一惊。他感到以前曾在什么地方见过这个女人。她的头发像阳光般金黄，眼睛像大海一样湛蓝。

年轻女人走到皮特·理查兹的身边，没说一句话，将一个用漂亮的圣诞纸包着的包裹放在柜台上。她从口袋里掏出一些绿丝带，和包裹放在一起。当皮特打开包裹时，他看到了那串蓝色的珠子。

“这是你店子里的东西吗？”她问。

“是的。”皮特回答说。

“这些宝石是真的吗？”

“是的。它们不是世界上最好的，但它们是真的。”

“你能记得是把它们卖给谁的吗？”

“一个小女孩。她的名字叫琼·格雷斯。她想把这条项链作为圣诞礼物送给她的姐姐。”

“这价值多少钱?”

“对不起，这我不能告诉你。”皮特说。“卖主从来不透露给别人买主付了多少钱。”

“可是，琼·格雷斯从来没有超过几便士以上的钱。她怎么能买得起这样一条项链呢?”

皮特用圣诞纸包起那条项链，并用绿丝带扎住包裹。他像10天前那样做得小心翼翼。随后，他对那个年轻女孩说：“琼·格雷斯已经付了她能付的最高价格。她拿出了自己所有的积蓄。”

他将那个包裹递给她。小小的店里好一阵子没有声音。随后，在城市的某个地方，响起了教堂的钟声。现在是午夜，又一个圣诞节已经开始了。

“可是，你为什么这样做?”女孩问。

没有回音。好像皮特·理查兹没在听。

“可是，你为什么这样做?”她又柔声问道。“我没有圣诞礼物可送给别人，”皮特轻声说道。“已经是圣诞节早上了。你让我把你送回家好吗?我想在你们家门口祝你和你的小妹妹琼·格雷斯圣诞节快乐。”

于是，伴随着教堂的钟声，皮特·理查兹和一个他还不知道名字的年轻女孩走出了店门。他们走进了圣诞节的早晨，走进了一个新圣诞节的希望和幸福里。

你是胡萝卜、鸡蛋还是咖啡豆

一个女儿对父亲抱怨她的生活，抱怨事事都那么艰难。她不知该如何应付生活，想要自暴自弃。她已厌倦抗争和奋斗，好像一个问题刚解决，新的问题就又出现了。

她的父亲是一位厨师，他把她带进厨房。他先往三只锅里倒入一些水，然后把它们放在旺火上烧。不久，锅里的水就烧开了。他往一只锅里放些胡萝卜，第二只锅里放只鸡蛋，最后一只锅里放入碾成粉末状的咖啡豆。他将它们浸入开水中煮，一句话也没说。

女儿咂咂嘴，不耐烦地等待着，纳闷父亲在做什么。大约20分钟后，他闭了火，把胡萝卜捞出来放人一个碗里，把鸡蛋捞出来放进另一个碗里，然后又把咖啡舀到了一个杯子里。做完这些后，他才转过身问女儿："亲爱的，你看见什么了？"

“胡萝卜、鸡蛋、咖啡。”她回答说。

他让她靠近些，并让她用手摸摸胡萝卜。她摸了摸，注意到它们变软了。父亲又让女儿拿那只鸡蛋并打破它。她剥掉壳后，看到的是一只煮熟的鸡蛋。最后，他让她喝了咖啡。品尝到香浓的咖啡，女儿笑了。她问道：“爸爸，这意味着什么？”

他解释说，这三样东西面临同样的逆境——煮沸的开水，但其反应各不相同。胡萝卜人锅之前强壮结实、毫不示弱；但进入开水后，它变软变弱。鸡蛋原来是易碎的，薄薄的外壳保护着呈液体的内脏；但经开水一煮，它的内脏变硬了。而粉状咖啡豆则很独特，进入沸水后，却改变了水。“哪个是你呢？”他问女儿。“你遇到逆境时，该如何反应？你是胡萝卜、鸡蛋还是咖啡豆？”

他的女儿陷入了沉思。

请把我埋得浅一点

二战时期，一座纳粹集中营里关押着很多犹太人，他们大多是妇女和儿童，遭受着纳粹无情的折磨和杀害。

有一个天真活泼的小女孩，和她的母亲一起被关押在集中营里。一天，她的母亲和另一些妇女被纳粹士兵带走了，从此再也没有回到她身边。人们知道，她们肯定是被杀害了。当小女孩问大人们她的妈妈哪里去了，为什么这么久还不回来时，大人们沉默着流泪了。后来，他们就骗小女孩说，你的妈妈去找你的爸爸了，不久就会回来的。小女孩相信了，她不再哭泣和询问，而是唱起了妈妈教她的儿歌，一首接一首地唱着，像轻风一样回荡在阴沉的集中营。她还不时爬上小窗，向外张望，希望看到妈妈从远处走来。

小女孩没有等到妈妈回来。就在一天清晨，纳粹士兵用刺刀驱赶着，将她和数万名犹太人逼上了刑场。刑场上早就挖好了很大的深坑，他们将一起被活埋在这里。人们沉默着，死亡是如此真实地逼近每一个生命。面对死亡，人们在恐惧中发不出任何声音。

纳粹士兵把人们一个接一个残忍地推下了深坑。当一个纳粹士兵走到小女孩跟前，伸手要将她推进深坑时，小女孩睁大漂亮的眼睛对纳粹士兵说："叔叔，请你把我埋得浅一点好吗？要不，等我妈妈来找我时，就找不到我了。"

纳粹士兵伸出的手僵在了半空中。

把鲜花送给失败的对手

在一档世界职业拳王争霸赛电视节目中，我看到了几个暖人的细节。

比赛的是两个美国职业拳手，年长的叫卡菲拉，今年 35 岁；年轻的叫巴雷拉，今年 28 岁。上半场两人打了 6 个回合，实力相当，难分胜负。在下半场第 7 个回合，巴雷拉接连击中老将卡菲拉的头部，使他鼻青脸肿。

短暂休息时，巴雷拉真诚地向卡菲拉致歉，他先是用自己手中干净的毛巾一点一点擦去了卡菲拉脸上的血迹，然后把矿泉水洒在了卡菲拉头上。巴雷拉一脸歉意，那神情仿佛受伤的是自己。接下来，两人继续交手。也许是年纪大了，也许体力不支，卡菲拉一次又一次被巴雷拉击倒。

按规则，对手被打倒在地上后，由裁判连喊三声，如倒地的拳手起不来就算输了。卡菲拉挣扎着起来，裁判开始报数，“一、二……”，三字还没出口，巴雷拉却上前把卡菲拉拉了起来。裁判感到很吃惊，这样的情景在拳场上极为少见，巴雷拉向裁判解释说：“我犯规了，只是你没有看见，这局不算我赢。”巴雷拉扶起卡菲拉后，他们微笑着击掌，继续交战。

最终，巴雷拉以 108 比 110 打败了卡菲拉。观众潮水般涌向了巴雷拉，向他献花、致敬、送礼物。巴雷拉拨开了人群，径直走向了被冷落的老将卡菲拉，把鲜花送给了卡菲拉。两人紧紧地抱在一起，相互亲吻被击中的部位，俨然一对亲兄弟。卡菲拉真诚地向巴雷拉祝贺，一脸由衷的笑容。他握住巴雷拉的手，高高地举过了头顶，向全场观众致敬。

卡菲拉虽然败了，但败得很有风度。巴雷拉赢了，赢得十分大度。

在自己胜利时，把鲜花送给失败的对手，这是一种人格和境界上的大成功。

废墟上的花朵

很久以前，为了开辟新街，伦敦拆除了许多旧楼房。然而，因为种种原因，新路久久没能开工，旧楼房的废墟晾在那里，任凭日晒雨淋。

有一天，一群自然科学家来到了这里，发现在这一片废墟上竟长出了一片野花野草。令人惊奇的是，其中有一些花草在英国从来没有见到过的，它们通常只生长在地中海沿岸国家。这些被拆除的楼房大多都是在古罗马人沿着泰晤士河进攻英国时建造的。这些花草的种子多半就是那个时候被带到了这里的，它们被压在沉重的石头砖瓦下，一年又一年，丧失了生长发芽的机会。而一旦见到阳光，它们就立即恢复了勃勃生机，绽开了一朵朵美丽的鲜花。

其实，人的生命也是如此。在生命的旅途中，我们常常遭遇各种挫折和失败。这时，不要心灰意冷，不要轻易言败。只要心中有一个坚定的信念，努力去找，总会找到帮助自己渡过难关的“一缕阳光”。一旦有了阳光照耀，一定能萌发出新的生机，绽放出新的美丽。

把怨恨留在身后

曼德拉因为领导反对白人种族隔离的政策而入狱，白人统治者把他关在荒凉的大西洋小岛——罗本岛上达27年。当时曼德拉年事已高，但白人统治者依然像对待年轻犯人一样残酷虐待他。

曼德拉被关在总集中营一个“锌皮房”里，白天将采石场的大石块碎成石料。他有时要下到冰冷的海水里捞海带，有时干采石灰的活儿——每天早晨排队到采石场，然后被解开脚镣，在一个很大的石灰石场里用尖镐和铁锹挖石灰石。因为曼德拉是要犯，所以有三个看守。他们对他并不友好，总是寻找各种理由虐待他。

谁也没想到，1991年曼德拉出狱当选总统后，在就职典礼上的一个举动震惊了整个世界。

总统就职仪式开始后，曼德拉起身致辞，欢迎来宾。他依次介绍了来自世界各国的政要，然后说，能接待这么多尊贵的客人，他深感荣幸，但他最高兴的是，当初在罗本岛监狱看守他的 3 名狱警也能到场。随即，他邀请他们起身，并把他们介绍给大家。

曼德拉的博大胸襟和宽容精神，令那些残酷虐待了他 27 年的白人汗颜，也让所有到场的人肃然起敬。看着年迈的曼德拉慢慢站起，恭敬地向三个曾关押他的看守致敬，在场的所有来宾以至整个世界，都静了下来。

后来，曼德拉向朋友们解释说，自己年轻时性子很急，脾气暴躁，正是狱中生活使他学会了控制情绪，因此才活了下来。牢狱岁月给了他时间与鼓励，也使他学会了如何处理自己遭遇的痛苦。他说，感恩与宽容常常源自痛苦与磨难，必须通过极强的毅力来训练。

获释当天，他心情平静："当我走出牢房，迈过通往自由的牢门时，我已经清楚，如果自己不能把悲痛与怨恨留在身后，那我其实仍在牢里。"

玫瑰是泥土的笑脸

我在花园里种了芬芳的玫瑰花，远远望去，像一片燃烧的晚霞。我想等朋友们来做客时，让他们带一些玫瑰回家。我相信朋友们捧着火红的玫瑰渐渐消失在远方，一定能被重新点燃往日的情怀。

有一天，一位非常要好的女友来探望我，我知道她平常最喜爱花花草草。她临别时，我告诉她说，采一束玫瑰，点缀你的闺房吧。我保证这些玫瑰肯定会芳香四溢。

女友轻手轻脚，跨进了花园，东闻闻西嗅嗅，神采飞扬，就是不肯采摘。我说："没关系，多的是，我又不是花店老板，不靠玫瑰赚钱的。"说完，我就举起了剪刀。

"这么美丽的玫瑰剪下来，让人心疼。"她抓紧我的袖子叮咛。"千万不能剪啊，玫瑰是泥土的笑脸，谁能忍心毁坏美得醉人的微笑呢?”

我的灵魂猛然一惊：丑陋的泥土、卑微的泥土、朴素的泥土，因为玫瑰，露出了惊艳一笑，正因为这一笑，才赢得了人们的爱惜。

意志激励人生

小乡村校舍靠一个老式大肚煤炉取暖。小男孩负责每天一早在师生到校前赶来生起炉火、温暖教室。

一天早晨，师生们发现校舍被大火吞没了。他们把昏迷的小男孩从燃烧的房子里拽出来时，他已经半死不活了，下半身严重烧伤，被送到了附近的一家县医院。半昏迷的小男孩在病床上模糊听到了医生对他妈妈的谈话。医生对小男孩的母亲说，她的儿子肯定会死，因为可怕的大火已经烧坏了他的下半身。但勇敢的小男孩不想死。他下定决心要活下来。不知何故，让医生惊愕的是，他真的活了下来。致命的危险过后，他又听到医生在低声对母亲说话。医生告诉男孩的母亲说，大火已经烧坏了他下半身的大部分肌肉，所以他注定要终生残废。

勇敢的小男孩又一次下定了决心，他不会残废，他要走路。但不幸的是，他腰部以下根本没有了运动神经能力，细腿只是在那里摇晃，几乎毫无知觉。最后，他终于出院了。

每天，妈妈都会按摩他的双腿，但毫不见效。他每天不是待在床上，就是坐在轮椅上。然而，他想行走的决心仍是那样坚强。

一个阳光灿烂的日子，妈妈把他推进院子里呼吸新鲜空气。这天，他没有坐在那里，而是从轮椅上扑下来，拖着双腿爬过草地，努力爬到那个地方边界的白色尖桩篱栅边，用了很大劲儿扶着篱笆站了起来。随后，他开始顺着篱笆的一个个木桩向前拖行，下定决心一定要行走。

渐渐地，他每天都这样做，直至把院子里沿着篱笆的院子磨出了一条平滑的小路。终于，通过每天按摩、坚持不懈和坚定决心，他确实养成了站起来的能力，起初步履蹒跚，后来独立行走，最后竟跑了起来。

他开始步行上学，然后跑步上学，跑步成了他的一大乐趣。后来上大学时，他参加了田径队。再后来，这个曾被认为不能活下来、再也不会行走、更没有希望跑步的年轻人格伦·坎宁汉博士，在麦迪逊广场花园跑出了世界上最快的速度！

老师改变了他的一生

史蒂夫是一个 12 岁的美国男孩，他的父母都是酒鬼，他快要辍学了。值得注意的是，尽管他有阅读技巧，但他总是考试不及格。从一年级开始，他就一直不及格。史蒂夫看上去比 12 岁的孩子要大，但他常被人忽略……直至怀特小姐到来。

怀特小姐年轻漂亮，满面笑容，一头红发。史蒂夫一下就喜欢上了她！他长这么大还是第一次无法将目光从她身上移开，但他还是考试不及格。他从来不做家庭作业，而且总是给怀特小姐找麻烦。他常因她尖刻的话语而伤心，而且每当因为没有交作业而被处罚时，他感觉好痛苦！然而，他还是学不进去。

第一学期期中，整个七年级检测的都是基本技能。史蒂夫匆匆应付完那些考试，就继续想着其他的东西。他的心不在学校，而是在树林里，他常常独自逃到那里，尽力把在充满酒精气味家看到、听到和闻到的东西排除在外。没有人去查看他是否安全，没有人知道他离开了学校，因为没有人清醒到去在意。

有一天，怀特小姐不耐烦的声音闯进了他的白日梦。

“史蒂夫!”他吃了一惊，回头看着她。

“注意!”

当怀特小姐开始仔细检查七年级测试结果时，史蒂夫将充满青春期崇拜的目光盯在她身上。

“你们都做得很好,”她开始对全满同学讲道，“除了一个男生，而告诉你们这个消息让我伤心，但……”她迟疑了一会儿，犀利的目光将史蒂夫定在了他的座位上，眼睛搜寻着他的脸。

“……七年级中最聪明的男孩在我的班里不及格!”

她只是盯着史蒂夫，这时全班学生马上转过来仔细看着。史蒂夫垂下目光，仔细查看着自己的手指尖。

之后，是对立的状态！史蒂夫仍不愿做作业。甚至处罚越来越严重时，他仍然顽固不化。

“请尝试一下！就一周!”

他不为所动。

“你够聪明的！你会看到变化的!”

什么都影响不了他。

“给你自己一个机会！不要放弃自己的人生！”

仍然没有任何改变。

“史蒂夫！请！我担心你！”

哇！突然，史蒂夹心里一动！有人担心他？有人担心他，简直无法想象，不敢奢望！

那天下午，史蒂夫放学回家，若有所思。走进家门，他扫了一下四周。他的父母亲都喝醉了，酒气冲天！他很快收拾了自己的露营用品、一罐花生酱、一条面包、一瓶水，这次还有他的教科书。他脸色冷峻，毅然决然朝树林奔去。

下周一，他按时到校，等待怀特小姐走进教室。她进来时，神采奕奕，面带微笑！天哪，她太美了！他渴望她的微笑能转向他。但没有。

怀特小姐马上对周末作业进行测验。史蒂夫匆匆完成了测试，第一个交卷。怀特小姐面带惊奇，接过他的试卷。她显然迷惑不解，开始查看试卷。史蒂夫回到了自己的课桌，心咚咚直跳。他坐下来时，禁不住又看了一眼这个可爱的女人。

怀特小姐的脸完全震惊了！她抬头瞥了一眼史蒂夫，然后垂下目光，接着又抬头看了一眼。

突然，她露出了灿烂的笑容。七年级中最聪明的男孩刚才已经通过了第一次测验！

从那个时刻起，史蒂夫的一切都大不一样了。尽管家里的生活仍然一样，但生活还是发生了改变。他发现自己不但会学习，而且善于学习！

他发现自己能理解知识、保存知识，而且可以将他学到的东西应用到生活中去。史蒂夫开始脱颖而出！他要继续自己的学习生涯。

中学毕业后，史蒂夫报名参加了海军，并度过了一段成功的军旅生涯。在那段时间，他遇到了他的爱人，组建了家庭，并以优异成绩从大学毕业后。他在海军生涯中鼓舞了很多年轻人，如果没有他这些人可能不会相信他们自己。从海军复原后，史蒂夫开始了他的第二职业，同时继续激励他人，担任附近一所大学的副教授，怀特小姐给这所大学留下了一大笔财产。她挽救了一个男孩，他已经改变了许多人的生命。

你明白，其实这很简单。一个男孩内心之所以发生改变，全是因为一位关心他的老师啊。

除了你自己，没人能打败你

有一位青年画家，成名前住在一间狭窄的小房子里，靠画人像为生。

一天，一个富人经过，看他的画工细致，很喜欢，便请他帮忙画一幅人像。双方约好酬金是一万元。

一个星期后，人像完成了。富人依约前来取画。这时，富人心里起了歹念，欺画家年轻又未成名，不肯按约定支付酬金。

富人心想："画中的人是我，这幅画如果我不买，那绝不会有别人买。我又何必花那么多钱来买呢？"于是，富人说："我只愿花 3000 元买这幅画。"

青年画家愣住了，他从来没碰到过这种事，费了许多口舌向富人据理力争，希望富人能遵守约定，做个守信用的人。

"我只能花 3000 元买这幅画，你别再罗嗦了。"富人认为他居上风，“我最后再问你一句，3000 元卖不卖？”

青年画家知道富人故意赖账，心中愤愤不平。他以坚定的语气说：“不卖。我宁可不卖这幅画，也不愿受你的屈辱。今天你失信毁约，将来一定要你付出 20 倍的代价。”

“笑话，20 倍，是 20 万啊！我才不会笨得花 20 万买这幅画呢！”

“那我们等着瞧好了。”青年画家对悻悻离去的富人说。

经过这一事件的刺激后，画家搬离了这个伤心地，重新拜师学艺，日夜苦练。

十几年后，他终于闯出了一片天地，成了艺术界一位知名人物。

离开画室后，那个富人第二天就把画家的画和话忘到了脑后。直到有一天，富人的几位朋友不约而同地来告诉他：“有件事好怪！我们去参观一位著名艺术家的画展，其中有幅画标价 20 万，画中的人跟你长得一模一样。好笑的是，这幅画的标题竟然是贼。”

富人好像当头一棒，立刻想起了十多年前画家的事。如果这幅画正是自己当年赖账的那幅画，那么这件事对自己的影响可就太坏了。他立刻连夜赶去找青年画家，果然不出所料，这幅标题为《贼》的画，正是自己当年赖账的那幅画。他赶紧向画家道歉，并花 20 万买回了那幅人像画。

凭着一股不服输的劲头，青年画家终于让富人低下了头。这个年轻人就是帕布罗·毕加索。

春天总在心里

过去的这个4月，我去自己从小在那里长大的那个农场探望父母亲。我漫步在屋外，沉浸在“家”的感觉中，我当时确实需要家的慰藉。我习惯了加州南部阳光明媚的早晨，依阿华州清晨凛冽的空气刺痛了我的鼻子、耳朵和没戴手套的双手。

我将父亲的一件羊毛衬里夹克裹在身上，两手深深地插进破破烂烂的口袋里，在宽阔的农场上遛达。突然，紫丁香的芬芳出乎意料地向我袭来。我转向远处一丛丛茂密的紫丁香，注意到好像是花朵。我匆匆跑了过去。

淡紫色的丁香花确实在漂亮地怒放着！我将一大丛拉到面前，吮吸着那醉人的花香，就像我童年时每年春天做的那样。一股暖暖的喜悦之情穿过了我冰冷的身体。一想到春天已经来临，我露出了微笑。

我信步回到房里，春天的希望——温暖美丽、万物复苏——一路伴随着我。

父亲坐在餐桌边，仔细看着早晨行情报道。

“春天来了！紫丁香花开了！”我欢快地宣布道。

“紫丁香开不开花，只有等冬天过去，才是春天，”他反驳说，“冷天还要持续一阵。”

但我的内心不愿让紫丁香带给我的乐观消失。我马上想起上周母亲刚送给我的一张卡片。正是那张卡片促使我这次下意识地回了家。母亲知道我情绪低落。她送给我的那张卡片的正面是一张照片，照片上是一朵花从一块岩石荒芜贫瘠的斜面上露出来。尽管周围环境恶劣，但这朵精美的花朵却努力活着。卡片里写着：“在隆冬季节，我在自己的内心找到了永恒的春天。”后面还有母亲的一句话：“春天总是你最爱的季节。春天总在心里。”

这就是我一向乐观生活的母亲的话语。即使是在隆冬季节，她也总能找到春天。

“大雨倾盆了！”有一次，爸爸说。

“雨后的一切都是那样清新好闻！”妈妈回答说。

“可我今天本来想割院子里的草，”父亲回答说，显然感到失望。

“我们需要这场雨，”她反驳说，“现在一切都会更加青翠。”

"可预报说，一天都有雨。"爸爸抱怨说。

"那我们今天一下午就去看电影。"妈妈笑着说。

"太贵了。"他反驳道。

"那正是我们应去看日场的原因，"她反驳说。"3 个孩子可以免票入场，我们其他人只需半价。"

加快起我 12 岁那年一个星期天下午的这种罗克韦尔画风的情景，我以为在母亲看来，倾盆大雨过后会出现一道彩虹。

在我童年时期和成年历程中，每当我取得成功时，母亲都会送给我一束紫丁香。而在柠檬苦涩，无论加多少糖也做不成柠檬汁时，比如好友去世那天，长久爱情关系结束那天……母亲也会送来紫丁香，上面写着一张与紫丁香的美丽芬芳相媲美的默契的纸条。

"春天总是你最爱的季节。"她总是提醒说。"春天总在心里。"

虽然如此，还是紫丁香让我感到她的话是真的。我从那个 4 月的早晨看到的紫丁香和闻到的芳香意识到，这次回家为什么必要。我需要缓解悲伤、孤独和忧郁。我在思念。我的爱女现在已经长大成人，搬到了一个属于自己的地方。她现在住的相隔好多州，离我有好多英里。我为她感到高兴的同时，也为她不在身边而忧伤。

那天早晨，看到那些紫丁香，使我又想起了母亲的话。它们提醒我，即使内心处在隆冬季节，我也必须记起春天的美丽和紫丁香的芳香。所以，我不再把她看成是远走高飞，而宁愿看成是进入了一个富有精彩体验的新世界。那个世界，春天和冬天一样多。

“爸爸，紫丁香开了！春天来了！”我那天对父亲断然说道。

“嗯，”说着，他瞥了我一眼，一副怀疑的神情。他看到我皱眉，表情变得温和起来。“当然，有可能春天已经来了。”他微笑着安抚说。“毕竟，像你说的那样，那些紫丁香已经开了。”

噢，为春天每年回归的美丽而喝彩！而且紫丁香抑制不住的芬芳提醒我们，春天在我们心里就能找到。

一枚硬币也能成功

两个年轻人一同寻找工作，一个是英国人，一个是犹太人。

一枚硬币躺在地上，英国青年看也不看就走了过去，犹太青年却激动地将它捡起。

英国青年对犹太青年的举动露出鄙夷之色：一枚硬币也捡，真没出息！

犹太青年望着远去的英国青年心生感慨：让钱白白从身边溜走，真没出息！

两个人同时走进一家公司。公司很小，工作很累，工资也低，英国青年不屑一顾地走了，犹太青年却高兴地留了下来。

两年后，两人在街上相遇，犹太青年已成了老板，英国青年还在寻找工作。英国青年对此不可理解，说："你这么没出息的人怎么能这么快地发了呢？”

犹太青年说：“因为我没有像你那样绅士般从一枚硬币上迈过去。你连一枚硬币都不要，怎么会发大财呢？”

英国青年并非不要钱，可他眼睛盯着的是大钱而不是小钱，所以他的钱总在明天。这就是问题的答案。

希望的种子

当年，美国一家报纸曾刊登了一则园艺所重金悬赏征求纯白金盏花的启事。高额赏金让许多人趋之若骛，但在千姿百态的自然界中，金盏花除了金色的，就是棕色的，能培植出白色的不是一件易事。所以，激动了一阵后，许多人就把那则启事抛到了九霄云外。

一晃20年过去了。20年后很平常的一天，当年那家曾刊登启事的园艺所意外地收到了一封热情的应征信和100粒“纯白金盏花”的种子。当天，这件事不胫而走。

寄种子的原来是一位年已古稀的老人。对信中言之凿凿能开出纯白金盏花的种子，园艺所一直举棋不定，该不该验证一时成了争论的焦点。

有人说：绝不应该辜负了一位老人的心意。那些种子终于落土生根。奇迹是在一年之后才出现的，大片大片纯白色的金盏花在微风中摇曳。一直默默无闻的老人因此成了新的焦点。

原来，老人是一个地地道道道的爱花人。当她 20 年前偶然看到那则启事后，便怦然心动。她的决定却遭到了 8 个儿女的一致反对。毕竟，一个压根就不懂种子遗传学的人，一件让专家都不能完成的事，她的想法岂不是痴人说梦！

老人还是痴心不改，义无反顾地干了下去。她撒下了一些最普通的种子，精心侍弄。一年后，金盏花开了，她从那些金色的、棕色的花中挑选了一朵颜色最淡的，任其自然枯萎，以取得最好的种子。次年，她又把它们种下去，然后再从这些花中挑选出颜色最淡的花的种子栽种……日复一日，年复一年，春种秋收，周而复始，老人的丈夫去世了，儿女远走了，生活中发生了很多事情，但唯有种出白色金盏花的愿望在她的心中生了根。

终于，在我们今天都知道的那个 20 年后的一天，她在那片花园中看到一朵金盏花，它不是近乎白色，而是如银如雪的白。

一个连专家都解决不了的问题，在一位不懂遗传学的老人手中迎刃而解，这不是奇迹吗？种在心里，即使一粒最普通的种子，也能长出奇迹！

绝望时再等一下

一位老太太在屋子后面种了一大片玉米。

一个颗粒饱满的玉米说："收获那天，老太太肯定先摘我，因为我是今年长得最好的玉米！"可收获那天，老太太并没有把它摘走。

"明天，明天她一定会把我摘走！"很棒的玉米自我安慰道。第二天，老太太又收走了其他一些玉米，唯独没有摘这个玉米。

"明天，老太太一定会把我摘走！"棒玉米仍然自我安慰着……

可从此以后，老太太再也没有来过，直到有一天，玉米绝望了，原来饱满的颗粒变得干瘪坚硬，整个身体像要炸裂一般，它准备和玉米秆一起烂在地里。

就在这时，老太太来了，一边摘下它，一边说："这可是今年最好的玉米，用它作种子，明年肯定能种出更棒的玉米！"

也许你一直都很相信自己，但你是否有耐心在绝望时再等一下？

请把焦点对准我

我从来都没注意过她。她也不是那种能引人注目的女孩。她个子不高，长相仅仅一般。上课时，她喜欢一个人坐在后排，看书或记笔记。有一次叫她读课文时，听到她标准的美式发音，我才对她刮目相看。后来，全国高校英语演讲比赛，我们学校有一个名额，我想了想，微笑着填上她的名字。改稿，纠正发音，甚至到肢体语言的处理。那段时间，我们每天都忙到很晚。

可是，我总是隐隐有些担心，因为她太内向、太安静，她能抓住这个难得的机会吗？

比赛那天晚上，我很早就坐在了大礼堂的前排。我对她说，别紧张。她看着我，脸红红的，什么也没说。

我的心一沉，看来她确实紧张。我拍拍她，让她去抽签。

结果，她抽到的是第9号，而前面一位选手，是公认的英语高手。

果然，英语高手的演讲相当成功，幽默诙谐，充满个人风格。全场几乎每隔半分钟就会响起一次热烈的掌声，直到她上台，大家还在兴奋地讨论着他的演讲。

我的手心沁出汗水，我在台下，不敢望向她。她是第一次上台，出现任何差错我都不能怪她。可是，在那一刻我才发现，我是那么害怕她失败。

强烈的镁光灯，空旷的大礼堂，她显得那么小，那么微不足道。似乎没有人注意到她已经走上了台。我在心里说，没希望了。

但让我震惊的一刻发生了。她并没有像我们安排好的那样问大家晚上好。我清清楚楚地听到了一个声音，很响亮的声音："现在，请把焦点对准我。"

一共三遍。一遍比一遍响亮，震人耳鼓。

全场鸦雀无声。

我不敢相信，那么洪亮的声音是那个平时说话细声细气、毫不起眼的小姑娘发出来的。接下来我听到她婉转的声音在空中盘旋，比夜莺更动听。

她的演讲结束良久，全场才响起雷鸣般的掌声，我不知不觉拍手拍到热泪盈眶。是的，我想我永远不会忘记，是我的学生若干年后教会了我生命里最动人的一课，那就是，千万不要低估沉默者的力量，有时巨大的能量源自无声无息的蕴积。

退一步也是成功

一位牧师刚到新教区任职，便碰到了一个棘手的问题：教区门前有一个花园，每天不少孩子上学都要横穿花园，因此鲜花被摘的现象时有发生。

那年春天，花园的鲜花开得格外茂盛。这天，牧师一大早就站在了花园中，等待着上学的孩子们。不一会儿，有几个孩子走过来，其中有一个小男孩开口问牧师："我能折枝花吗？"

"你想要哪一枝？"牧师和蔼地问道。小男孩选了一枝郁金香。

牧师说："好啊，这花归你了。不过，如果你把花儿留在这里，它还能开好几天；如果你现在折了它，那就只能玩一会儿了。你是个聪明的孩子，你自己作个选择吧。"小男孩想了想，说："那我就把它留在这里，等我放学回来再看。"

那天，有 20 多个孩子都同意把花儿留在花园里，直到它们枯萎。

那年春天，牧师把整个花园的花全给了人，却没有丢一枝。

你一定要坚强

生活中我们总会遇到各种各样的挫折。面对挫折，我们的选择将决定自己的命运。

在菲律宾西部海岸，每年秋天都能看到这样一个壮观的场面：海面上黑压压地飞来一片云，飞近了才知是南迁的燕子。它们欢快地鸣叫着，慢慢靠近海岸，但是人们惊奇地看到，一旦到了海岸和沙滩，许多燕子都飞不起来了，永远地闭上了眼睛。遥远的路途飞完了，没有死于皑皑雪峰，没有死于茫茫大海，没有死于暴风骤雨，却死于目的地那细软的沙滩上。

为什么会发生这样的悲剧？如果沙滩再远两三千米，许多燕子难道就飞不到吗？如果雅典再远三五十米，难道斐迪辟就坚持不住吗？他们一定能坚持下去，一定会到达目的地。悲剧发生的原因恰恰是因为目的地到达了，支持他们的信念突然消失了，意志瞬间松懈，身体也随之极度衰弱，于是生命之灯熄灭了。

软弱是人与生俱来的特质，人类在大自然面前太渺小，渺小得微不足道。但从最初的蒙昧无知到逐渐成熟，我们一步步实现了自己的理想，创建了自己的家园。这得益于我们后天学会的坚强。

成功之路上总是布满荆棘，但正因其险恶，才有别处看不到的风光。

在《时间简史》一书的开头，霍金指出："有人告诉我，我在书中每写一个方程式，都将使销量减半。于是我决定不写什么方程。不过在书的末尾，我还是写进了一个方程——爱因斯坦的著名方程 E=mc2。我希望此举不至于吓跑一半我的潜在读者。"

霍金多虑了。

他的名字被越来越多的人熟知，虽然他研究的学科只有极少数人能理解。

他被誉为继爱因斯坦之后世界上最著名的科学思想家和最杰出的理论物理学家。

而他却被禁锢在轮椅上达 20 年之久，他不能写，甚至口齿不清。虽然他那么无助地坐在轮椅上，但他的思想却神奇地遨游了广袤的时空。他是一个坐着轮椅的残疾人，他也是挑战命运的勇士。

生活总会苦尽甘来

贝里·马卡斯的父母于20世纪20年代从俄罗斯来到美国。他们在纽威克一个穷人聚居区安顿下来。他的父亲做木工活维持生计，母亲则料理家务。当时，马卡斯已有了两个哥哥和一个姐姐。他的母亲在40来岁的时候患上了严重的风湿性关节炎，卧床不起。她的手脚关节变得像树枝似的粗糙和弯曲。为她看病的医生建议她再生一个孩子。医生认为怀孕将有助于母亲风湿病的康复。于是，马卡斯便在那年5月母亲节那天来到了人世。除医生外，每个人都对她能重新下地行走惊奇不已。

马卡斯家以前都用犹太人使用的国际语——依地语。他的母亲常挂在嘴边的一句话是“巴谢特”。这句话的含义是：“这是上天的安排，生活总会苦尽甘来。”它是他的母亲面对艰难困苦时的一贯态度。她认定，一切苦难都将过去，事情总会有好结果的。马卡斯的出生对她来说，就是一个很好的佐证，那就是“巴谢特”。

虽然母亲的风湿病没有完全康复，但她从不抱怨。她不时取下手上缠着的石膏绷带扔在一边，在冷水管下为我们洗衣服，或在大热天呆在炎热的炉灶旁为我们做饭。春去秋来，严寒酷暑，尽管生活艰辛，她始终相信苦尽甘来这一道理。在我上学后不久，她便宣布，在家里谁也不准再讲依地语，必须讲英语。她陪着马卡斯一起一字一句地学起了英语。

马卡斯的母亲和父亲就这样学习着成为美国公民。虽然离开了故土，放弃了自己的母语，但对她来说，这算不了什么，成为美国公民，为全家寻求到更好的生活，这便是“巴谢特”。马卡斯从小的理想是上医学院，毕业后成为一名大夫。作为一个穷学生，他就近进了路特格大学的纽威克校区，这样便可以住在家里而省下住校的费用。马卡斯开始学习医学预科课程，并取得了优秀的成绩。一天，系主任通知他，已经为他争取到了上医学院的奖学金。

但接下来的消息令人失望：马卡斯仍需另外缴纳 1 万美元的费用。毫无疑问，他拿不出那么多钱。没办法，马卡斯只好退了学，搭顺路车到佛罗里达州去找工作。半路上，马卡斯和母亲通了电话。他告诉她，自己将再也不会成为一名大夫了。

“别着急，”她说，“说不定好事还在后头呢！”

马卡斯在餐馆当了一年服务生，然后到新泽西州进了那里的药学院。毕业后，他开始营销药品，这让他接触到了商品零售业，并开始喜欢上了它。

后来，马卡斯跳槽到西部一个名为“便民”的公司，这是家小型家装物品公司。在这里，他常看到不少自己动手装饰和修补住房的人来买各种家装必需品，但他们不可能在一处一次就买齐。一天，他突然有了一个主意：如果能有一家大商场，把所有的家装材料店，如厨卫设备店、涂料店、木材店全都包括进来，顾客岂不更方便？要是所有经销商都懂得怎样修马桶或怎样安装吊扇，岂不更好？这便是马卡斯的梦想的起源。

如果不是马卡斯与老板的那次会面，他的梦想也许将无法实现。1978 年的一天，老板召见他，马卡斯便向老板谈了自己的建议。虽然他们过去在一些问题上有过分歧，这次，马卡斯还是希望老板能采纳自己的建议，把企业做大做强，将“便民公司”变成一家可能赢利的大型连锁超市。但，老板认为马卡斯在他面前过分炫耀，自以为了不起，无视他的权威，便将马卡斯解雇了。

这无疑如一记闷棍，打得马卡斯晕头转向。“我该怎么办？我如何才能重新找到工作？谁需要已进入中年的我？我怎么才能付清家庭开支的账单？”马卡斯当时有两个孩子正在上大学，另一个在读高中。他向银行借的大笔抵押贷款必须按期归还。他根本承受不起解雇。“我在‘便民公司’埋头苦干多年，为什么这种事偏偏发生在我身上？”这时，马卡斯想起了母亲的那句口头禅。面对这种局面，他知道她的态度。虽然母亲已经过世，但此时，他仿佛听见她在说："巴谢特。"对，总会有苦尽甘来的那一天，甚至到了这一步也不会例外。

于是，马卡斯抓住这个被解雇的机会，从头开始，决心自己当老板，着手实现创建一个大型家装材料总汇超市的构想。他的这个超市将面向人口众多的工薪阶层，他们是自己动手搞家装的主力，他这样做，正好为他们提供了及时的、恰到好处的帮助。

马卡斯找到几个和自己志同道合的合伙人。于是，一个名为"家庭"的大型家装材料公司应运而生。他们的生意做得红红火火，后来业务遍及全美，甚至开始扩展至全球。现在，马卡斯已年满72岁，最近刚退休。他一直忙忙碌碌地在零售业营销市场上工作了50余年。那时，马卡斯还不知道将来会怎么样；实际上现在他也不清楚将来会怎样。但有一件事他是清楚的——那就是母亲的口头禅，充满哲理的人生经验"巴谢特"——苦尽甘来。

耐心与时间甚至比力量和激情更为重要。年复一年的挫折终将迎来收获的季节。所有已经完成的，或者将要进行的，都少不了那孜孜不倦、锲而不舍、坚忍不拔的拼搏过程。但是，生活总会苦尽甘来。

成功人生源于奋斗

从小教育的观念都是“苦尽甘来”，若把“先吃苦”当成“后享乐”的策略，即使后来真的有所享受，也不会快乐。不如学会用另一种乐观的态度看待吃苦的过程，在耕耘的同时，就可以享受汗水淋漓的快乐，无须等到丰收时，才信认“苦尽”以后所换到的“甘来”。更何况大部分人很艰难等到真正“苦尽甘来”。

现在毕竟是一个全球化的时代，高等教育也在迅速全球化，但是生活中，有多少人在浑浑噩噩过日子呢？有多少人在安逸的生活中懈怠呢？有多少人认为自己没有什么本事就安于现状、不思进取呢？有些时候，我们需要一种危机，来激发我们自身的潜能，唤醒我们内心深处被掩藏已久的人生激情，来实现人生的最大价值。

大部分平庸的人，多数不是因为自身能力不够，而是因为安于现状、不思进取，没有激发自己的潜能，在平淡机械的生活中埋没了自己。不要总羡慕别人头上的光环，其实你也有能力给自己戴上美丽的花冠，对于那些害怕危险的人，危险无处不在。

有一天，龙虾与寄居蟹在深海中相遇，寄居蟹看见龙虾正把自己的硬壳脱掉，只露出娇嫩的身躯。寄居蟹非常紧张地说："龙虾，你怎可以把唯一保护自己身躯的硬壳也放弃呢？难道你不怕有大鱼一口把你吃掉吗？以你现在的情况来看，连急流也会把你冲到岩石去，到时你不死才怪呢？龙虾气定神闲地回答："谢谢你的关心。"

但是你不了解，我们龙虾每次成长，都必须先脱掉旧壳，才能生长出更坚固的外壳，现在面对的危险，只是为了将来发展得更好而作出准备。寄居蟹细心思量一下，自己整天只找可以避居的地方，而没有想过如何令自己成长得更强壮，整天只活在别人的护荫之下，难怪永远都限制自己的发展。

其实每个人都有一定的安全区，你想跨越自己目前的成就，请不要划地自限，勇于接受挑战充实自我，你一定会发展得比想像再试一什么东西比石头还硬，或比水还软？然而软水却穿透了硬石，坚持不懈。

死神也怕咬紧牙关的人

两个探险者迷失在茫茫的大戈壁滩上，他们因长时间缺水，嘴唇裂开了一道道的血口，如果继续下去，两个人只能活活渴死！一个年长一些的探险者从同伴手中拿过空水壶，郑重地说："我去找水，你在这里等着我吧！"接着，他又从行囊中拿出一只手枪递给同伴说："这里有6颗子弹，每隔一个时辰你就放一枪，这样当我找到水后就不会迷失方向，就可以循着枪声找到你。千万要记住！"

看着同伴点了点头，他才信心十足地蹒跚离去……

时间在悄悄地流逝，枪膛里仅仅剩下最后一颗子弹了，找水的同伴还没有回来。"他一定被风沙湮没了或者找到水后撇下我一个人走了。"年纪小一些的探险者数着分数着秒，焦灼地等待着。饥渴和恐惧伴随着绝望如潮水般地充盈了他的脑海，他仿佛嗅到了死亡的味道，感到死神正面目狰狞地向他紧逼过来……他扣动扳机，将最后一粒子弹射进了自己的脑袋。

就在他的尸体轰然倒下的时候，同伴带着满满的两大壶水赶到了他的身边……

年纪小的探险者是不幸的，因为他放弃了坚持，同时也就放弃了自己宝贵的生命。很多时候，在我们人生的道路上，面对困难和挫折，我们能够咬着牙坚持着熬过最漫长最艰难的时刻；可当成功将要与我们伸手相握的时候，却因为我们最终的放弃，便与之擦肩而过了。

困难的时刻，绝望的时刻，千万别轻言放弃，坚持再坚持。咬紧了牙关的人，死神也会避而远之，因为死神最害怕听到咬紧牙关的咯咯声。

人生箴言：珍惜生命，绝不是苟且偷安！饱食终日而无所事事，无异于慢性自杀！珍惜生命，就要惜时如金！待到硕果累累之时，才是真正的快乐。

人生如水，水的智慧

一位年轻的商人在外出时被搭档出卖，人财两空，痛不欲生，决定跳湖自尽。他在湖边碰上了一位观禅静坐的智者，将自己的悲惨境遇逐一细述。

智者微笑着将他带回家中，令其从地窖里搬出一块偌大的方形坚冰。商人虽然百思不得其解，但还是照做了。

冰块搬出来后，智者接着吩咐："用你最大的力气，砍开它！"

商人找来斧头便砍。不料猛烈的重击，只能在冰面上划下一道细微的印记。商人大吃一惊，又抡起斧头，全力劈凿。

片刻，对着掉落的冰屑，他终于气喘吁吁地摇头："这冰实在太硬了！"

智者不语，将冰块放到屋后炉灶上铁锅中煮。随着温度升高，冰块慢慢融解。商人对这个枯燥的过程，没有兴致。过了许久，冰块融解完毕。水泡越来越大，发出咕咚咕咚的声音。

智者问他：“你从中有所领悟没有？”

商人说：“有些领悟了。我对付冰块的方式不对，不该用斧头劈，得用火烧。”智者摇头：“不够。”

商人想了想说：“冰块变成水的事实告诉我，再强大的敌人也有它的弱点。”智者继续摇头：“不够。”

商人面露难色，鞠躬请教智者。智者语重心长地说：“我所让你看的，是成功人生里的三种境界——”

“冰虽为水，却比水强硬百倍。越在寒冷恶劣的环境下，它越能体现出坚如钢铁的特性。这是成功人生的第一种境界，百折不挠。

“水虽为寒物，却有着一颗善的心；它从不参与争斗，自甘流向低洼之地；哺育了世间万物，却从不向万物索取。这是成功人生的第二种境界，周济天下。

“雾虽无力，却有着最为自由的本身。聚可成云结雨，化为有形之水。散可无影无踪，飘忽于天地之内。这是成功人生的第三种境界，功成身退。”

人心如水。之所以有能力悬殊、善恶不同、生死之欲，皆因各自境界不等罢了。

失败了再爬起来

很多人告诉自己：“我已经尝试过了，不幸的是我失败了。”其实他们并没有搞清楚失败的真正含义。

大部分人在一生中都不会一帆风顺，难免会遭受挫折和不幸。但是成功者和失败者非常重要的一个区别就是，失败者总是把挫折当成失败，从而使每次挫折都能够深深打击他追求胜利的勇气；成功者则是从不言败，在一次又一次挫折面前，总是对自己说：“我不是失败了，而是还没有成功。”一个暂时失利的人，如果继续努力，打算赢回来，那么他今天的失利，就不是真正失败。相反的，如果他失去了再次战斗的勇气，那就是真的输了！

美国著名电台广播员莎莉·拉菲尔在她 30 年职业生涯中，曾经被辞退 18 次，可是她每次都放眼最高处，确立更远大的目标。最初由于美国大部分的无线电台认为女性不能吸引观众，没有一家电台愿意雇用她。她好不容易在纽约的一家电台谋求到一份差事，不久又遭辞退，说她跟不上时代。莎莉并没有因此而灰心丧气。她总结了失败的教训之后，又向国家广播公司电台推销她的清谈节目构想。电台勉强答应了，但提出要她先在政治台主持节目。“我对政治所知不多，恐怕很难成功。”她也一度犹豫，但坚定的信心促使她大胆去尝试。她对广播早已轻车熟路了，于是她利用自己的长处和平易近人的作风，大谈即将到来的7月4日国庆节对她自己有何种意义，还请观众打电话来畅谈他们的感受。听众立刻对这个节目产生兴趣，她也因此而一举成名了。如今，莎莉·拉菲尔已经成为自办电视节目的主持人，曾两度获得重要的主持人奖项。她说：“我被人辞退18次，本来会被这些厄运吓退，做不成我想做的事情。结果相反，我让它们鞭策我勇往直前。”

美国百货大王梅西也是一个很好的例子。他于1882年生于波士顿，年轻时出过海，以后开了一间小杂货铺，卖些针线，铺子很快就倒闭了。一年后他另开了一家小杂货铺，仍以失败告终。

在淘金热席卷美国时，梅西在加利福尼亚开了个小饭馆，本以为供应淘金客膳食是稳赚不赔的买卖，岂料多数淘金者一无所获，什么也买不起，这样一来，小铺又倒闭了回到马萨诸塞州之后，梅西满怀信心地干起了布匹服装生意，可是这一回他不只是倒闭，而简直是彻底破产，赔了个精光。

不死心的梅西又跑到新英格兰做布匹服装生意。这一回他时来运转了，他买卖做得很灵活，甚至把生意做到了街上商店。头一天开张时账面上才收入 11.08 美元，而现在位于曼哈顿中心地区的梅西公司已经成为世界上最大的百货商店之一。

如果一个人把眼光拘泥于挫折的痛感之上，他就很难再抽出身来想一想自己下一步如何努力，最后如何成功。一个拳击运动员说：“当你的左眼被打伤时，右眼还得睁得大大的，才能够看清敌人，也才能够有机会还手。如果右眼同时闭上，那么不但右眼要挨拳，恐怕连命也难保！”拳击就是这样，即使面对对手无比强劲的攻击，你还是得睁大眼睛面对受伤的感觉，如果不是这样的话一定会失败得更惨。其实人生又何尝不是这样呢？

人生箴言：“失败了再爬起来”，看起来是一句鼓舞失败者最好的话，但是要真正实现起来，需要的是自我鼓励的品质和勇气。

顺其自然

禅院的草地上一片枯黄，小和尚看在眼里，对师父说：“师父，快撒点草籽吧！这草地太难看了。”

师父说：“不着急，什么时候有空了，我去买一些草籽。什么时候都能撒，急什么呢？随时！”

中秋的时候，师父把草籽买回来，交给小和尚，对他说：“去吧，把草籽撒在地上。”起风了，小和尚一边撒，草籽一边飘。

“不好，许多草籽都被吹走了！”

师父说：“没关系，吹走的多半是空的，撒下去也发不了芽。担什么心呢？随性！”

草籽撒上了，许多麻雀飞来，在地上专挑饱满的草籽吃。小和尚看见了，惊慌的说：“不好，草籽都被小鸟吃了！这下完了，明年这片地就没有小草了。”

师父说：“没关系，草籽多，小鸟是吃不玩的，你就放心吧，明年这里一定会有小草的！”

夜里下起了大雨，小和尚一直不能入睡，他心里暗暗担心草籽被冲走。第二天早上，他早早跑出了禅房，果然地上的草籽都不见了。于是他马上跑进师父的禅房说：“师父，昨晚一场大雨把地上的草籽都冲走了，怎么办呀？”

师父不慌不忙的说：“不用着急，草籽被冲到哪里就在哪里发芽。随缘！”

不久，许多青翠的草苗果然破土而出，原来没有撒到的一些角落里居然也长出了许多青翠的小苗。

小和尚高兴的对师父说：“师父，太好了，我种的草长出来了！”

师父点点头说：“随喜！”

这位师父真是位懂得人生乐趣之人。凡是顺其自然，不必刻意强求，反倒能有一番收获。

为求一份尽善尽美，人们绞尽脑汁，殚精竭虑。而每遇关系重大、情形复杂的状况，更是为之寝食难安。

其实，就如我们遇上难越的坎儿，与其百般思量，不如顺其自然，反倒能够柳暗花明又一村。

不经历风雨，怎能见彩虹

鉴真大师刚刚遁入空门时，寺里的主持让他做了谁都不愿做的行脚僧。

有一天，日已三竿了，鉴真依旧大睡不起。主持很奇怪，推开鉴真的房门，见床边堆了一大堆破破烂烂的瓦鞋。主持叫醒鉴真问："你今天不外出化缘，堆这么一堆破瓦鞋做什么？"鉴真打了个哈欠说："别人一年一双瓦鞋都穿不破，我刚剃度一年多，就穿烂了这么多的鞋子。"

主持一听就明白了，微微一笑说："昨天夜里落了一场雨，你随我到寺前的路上走走看看吧。"寺前是一段黄土坡，由于刚下过雨，路面泥泞不堪。

主持拍着鉴真的肩膀说："你是愿意做一天和尚撞一天钟，还是想做一个能光大佛法的名僧？"鉴真答："想做名僧？”。

主持捻须一笑：“你昨天是否在这条路上走过？”鉴真说：“当然。”

主持问：“你能找到自己的脚印吗？”

鉴真十分不解地说：“昨天这路又干又硬，哪能找到自己的脚印？”

主持又笑笑说：“如果今天我们在这路上走一趟，你能找到你的脚印吗？”鉴真说：“当然能了。”

主持听了，微笑着拍拍鉴真的肩说：“泥泞的路才能留下脚印，世上芸芸众生莫不如此啊。

那些一生碌碌无为的人，不经历风雨，就像一双脚踩在又平又硬的大路上，什么也没有留下。”鉴真恍然大悟。

是啊，只有那些在风雨中走过的人们，才知道痛苦和快乐究竟意味着什么。那泥泞中留下的两行印迹，就证明着他们的价值。

生物学家说，飞蛾在由蛹变茧时，翅膀萎缩，十分柔软；在破茧而出时，必须要经过一番痛苦的挣扎，身体中的体液才能流到翅膀上去，翅膀才能坚韧有力，才能支持它在空中飞翔。一天有个人凑巧看到树上有一只茧蠕动，好像有蛾要从里面破茧而出，于是他饶有兴趣地准备见识一下由蛹变蛾的过程。

但随着时间一点点过去，他变得不耐烦了，只见蛾在茧里奋力挣扎，将茧扭来扭去的，但却一直不能挣脱茧的束缚，似乎是再也不可能破茧而出了。

最后，他的耐心用尽，就用一把小剪刀，把茧上的丝剪了一个小洞，让蛾摆脱束缚容易一些。果然，不一会儿，蛾就从茧里很容易地爬了出来，但是它身体非常臃肿，翅膀也异常萎缩，耷拉在两边伸展不起来。

他等着蛾飞起来，但那只蛾却只是跌跌撞撞地爬着，怎么也飞不起来，又过了一会儿，它就死了。

“不经历风雨，怎能见彩虹”，任何一种本领的获得都要经由艰苦的磨炼，”梅花香自苦寒来，宝剑锋从磨砺出。“任何投机取巧或妄图减少奋斗而达到目的的做法都是拔苗助长般愚蠢的行为，那只飞不起来的飞蛾的经历就证明了这一切。

任何香甜的果实，都是勇士战胜艰难险阻，用自己的血汗浇灌的。我国第一部纪传体史书《史记》，就是司马迁在遭受宫刑之后，身心受到极度摧残的情况下完成的。而荣获世界五连冠的中国女排更是经历了一次次失败的考验，通过严格训练和顽强拼搏，才赢得了世界的瞩目。

现在有许多青年都在谈论人生。然而，他们对人生旅途的坎坷和曲折却往往估计不足，常常天真地把人生之路看得像机场跑道一样平坦笔直、像公园的小径一样到处盛开着鲜花。所以，当他们在前进的道路上遇到了困难和挫折时，便悲观迷惘彷徨。在人生的旅途上总是欢乐与悲伤并存，顺利与挫折交错，顺心和失意重叠。特别是那些有作为的人，在前进的道路上，常常是先有“山重水复疑无路”的逆境，几经奋斗，才迎来了“柳暗花明又一村”的坦途。

人生箴言：一开始就要认清这一点：要成功并不容易。想要获得成功就得要有战胜困难挫折的勇气和信心。

生命中的大石头

一天，时间管理专家为一群商学院学生讲课。他现场做了演示，给学生们留下一生难以磨灭的印象。站在那些高智商高学历的学生前面，他说："我们来个小测验"，拿出一个一加仑的广口瓶放在他面前的桌上。随后，他取出一堆拳头大小的石块，仔细地一块块放进玻璃瓶里。直到石块高出瓶口，再也放不下了，他问道："瓶子满了吗？"所有学生应道："满了"。时间管理专家反问："真的？"他伸手从桌下拿出一桶砾石，倒了一些进去，并敲击玻璃瓶壁使砾石填满下面石块的间隙。"现在瓶子满了吗？"他第二次问道。

但这一次学生有些明白了，"可能还没有"，一位学生应道。"很好！"专家说。他伸手从桌下拿出一桶沙子，开始慢慢倒进玻璃瓶。沙子填满了石块和砾石的所有间隙。他又一次问学生：“瓶子满了吗？”“没满！”学生们大声说.他再一次说：“很好。”然后他拿过一壶水倒进玻璃瓶直到水面与瓶口平。抬头看着学生，问道：“这个例子说明什么？”一个心急的学生举手发言：“它告诉我们：无论你的时间表多么紧凑，如果你确实努力，你可以做更多的事！”。“不!”，时间管理专家说，那不是它真正的意思。这个例子告诉我们：如果你不是先放大石块，那你就再也不能把它放进瓶子里。那么，什么是你生命中的大石块呢，与你爱人共度时光，你的信仰，教育，梦想，或是和我一样，教育指导其他人？切切记得先去处理这些“大石块”，否则，一辈子你都不能做到。那么，今晚，或许是今晨，你正在阅读这篇短文，可曾试着问自己这个问题：我今生的“大石头”是什么？然后，请把它们先放进你人生的瓶子。

生命中最纯的底色

一片雪花从天空飘落下来。

在它落下来之前，一缕白嫩的水汽挽住了它的手说，留下来吧，这里有广阔的空间，落下去你将失去自由。它没有犹豫，依然拥抱了一颗细小的尘埃，翩翩地飞落下来。雪花落在一道河床里，冰面张开宽阔的胸怀接纳了它。这时候，有一阵风吹来，冰对雪花说，你留下来吧，把你的洁白与我的洁白融为一体，一同谛听冬的韵律。雪花没有停下自己的脚步，随风又落到一棵树的树干上。下面是一条没有结冻的河，河水汩汩滔滔地流动着。一朵奔涌的水花说，下来吧，与我一起幸福地流浪。

雪花躺在树的枝丫上，岿然不动，它面对着灿烂的阳光，泛着最亮丽的光泽，姿态从容而又高贵。几分钟后，它的形体开始融化，化成一颗晶莹的水滴，湮没在树干里，只剩下它的灵魂在枝丫上高洁地舞动。

就这样，一片雪花，谢绝了一切的挽留、诱惑和接纳，坚持着对自由生命的仰望，任心灵奔逸舒卷，以它生命的独特轨迹，证明着自身的尊贵与圣洁。

生命的富有，不在于自己拥有多少，而在于能给自己多少广阔的心灵空间。同样，生命的高贵，也不在于自己处在什么位置，只在于能否始终不渝地坚守心灵的自由。任何生命的心灵深处都有一棵馨香的大树，即使是天国中飘来的一片雪花，抑或是荒园中一株随风摇曳的野草，甚至是一只匆匆奔走的蚂蚁，再卑微的生命，只要能够看守住心灵中的这棵大树，不被外在的一切所迷惑、迷乱、迷失，就能坚守住生命中最可宝贵的东西。

这心灵之树，就是你的尊严，你的操守，你的信仰，你的情爱——你生命中最纯的底色。

失　去

一个人坐在轮船的甲板上看报纸。突然一阵大风把他新买的帽子刮落大海中，只见他用手摸了一下头，看看正在飘落的帽子，又继续看起报纸来。另一个人大惑不解："先生，你的帽子被刮入大海了！""知道了，谢谢！"他仍继续读报。"可那帽子值几十美元呢！""是的，我正在考虑怎样省钱再买一顶呢！帽子丢了，我很心疼，可它还能回来吗？"说完那人又继续看起报纸来。

的确，失去的已经失去，何必为之大惊小怪或耿耿于怀呢？

许多人都有过丢失某种重要或心爱之物的经历；比如不小心丢失了刚发的工资，最喜爱的自行车被盗了，相处了好几年的恋人拂袖而去了等等，这些大都会在我们的心理上投下了阴影，有时甚至因此而备受折磨。究其原因，就是我们没有调整心态去面对失去，没有从心理上承认失去，只沉湎于已不存在的东西，而没有想到去创造新的东西。人们安慰丢东西的人时常会说："旧的不去新的不来。"事实正是如此，与其为失去的自行车懊悔，不如考虑怎样才能再买一辆新的，与其对恋人向你"拜拜"而痛不欲生，不如振作起来，重新开始，去赢得新的爱情。

我的两个朋友曾结伴出门旅游，在即将返回的时候他们发现钱包不见了。其中一个人把自己去过的地方寻了个遍，询问了许多人，还到派出所报了案，结果一无所获。而我的另一个朋友在发现丢了钱包之后，不是一味地懊悔，而是积极想办法，考虑如何才能挣到回家的路费。他走进一家饭店，向老板讲明了自己的情况后，用给饭店洗菜的办法为自己和同行的朋友挣得了回家的路费。他还从此和这家饭店的老板交上了朋友，定期有信函往来。直到现在，一提起这件事他也总是说："旅游的时间那么短，有趣的事那么多，为了丢失钱包而一直烦恼下去很不值得。"朋友的文化水平并不高，但他的话却很有哲理。人生有许多事情要做，为什么要为一时的失去而一直伤心呢？

每个人都有过失去，但对其所持的心态却不同。有的人总是向人反复表明他失去的东西有多么好，有多么的珍贵……还有好多人则不同。比如，他们在失去了原有的工作之后，不是一味地伤感，而是主动寻找新的工作；他们相信，失去并不意味着失败，失去后还可以重新拥有。这才是成功者应具备的心态。

失去灯光后，我们拥有了满天星星

有个七十岁的日本老先生，拿了一幅祖传的珍贵名画上节目，要求“开运鉴定团”的专家鉴定，他说，他的父亲说这是名家所价值数百万元的宝物，他总是战战兢兢的保护着，由于自己不懂艺术，因而想请专家鉴定画的价值。结果揭晓，专家认为它是赝品，连一万日圆都不值，主持人问老先生：“你一定很难过吧？”

来自乡下的老先生，脸上的线条却在短短时间内变得无比柔软，憨厚微笑道：“啊！这样也好。不会有人来偷，我可以安心的把它挂在客厅里了。”老先生的自我解嘲让人感概：失去，竟然可以比拥有轻松。

据说，有一个富翁，为了教每天精神不振的孩子知福惜福，让他到当地最贫穷的村落住了一个月。一个月后，孩子精神饱满的回家了，脸上并没有带着被“下放”的不悦，让富爸爸感到不可思议。爸爸想要知道孩子有何领悟，问儿子：“怎样？现在你知道，不是每个人都能像我们过得这么好吧？”儿子说：“是的，他们过的日子比我们还好。因为，我们晚上只有灯，他们有满天星空。”

我们必须花钱才买得到食物，他们吃的是自己的土地上栽种的免费粮食。

我们只有一个小花园，对他们来说到处都是花园。

我们听到的都是噪音，他们听到的都是自然音乐。

我们工作时精神紧绷，他们一边工作一边大声唱歌。

我们要管理佣人、管理员工，他们只要管好自己。

我们要关在房子里吹冷气，他们在树下乘凉。

我们担心有人来偷钱，他们没什么好担心。

我们老是嫌菜不好，他们有东西吃就很开心。

我们常常失眠，他们睡得好安稳……

所以，谢谢你，爸爸，你让我知道，我们可以过得那么好。

失去才能领略更多美丽。

在我们拥有的时候，总是害怕着失去，但也许必须藉由失去，我们才能够不再画地自限，反而拥有更多美丽的经验。失恋了，斤斤计较你辜负我多少我有哪些不甘，是人之常情，但分手自有分手的理由，何不在痛过之后自我安慰：以前老是担心会分手，现在没什么好担心了，以前总在抱怨他对我不好，现在我再也不必受到不好的对待。以前只能守着一株草，现在到处都可能有芳草。

如果不要只着眼于一时的失去，失恋，失业，失婚都可能带来更宽阔的视野。只要不失去生命，我们依然大有可为。

我一直相信一句老话：如果老天爷为你关一扇门，一定会为你开一扇窗。虽然，大部分的时候，从门到窗的距离，可能超乎想象的长，我们还是要找到那条路，从门，走到窗口那边，才会看到一大片蓝天。蓝天，原本就在，只是我们一直把自己关在房子里。

对自己的目标充满信心

威尔逊在创业之初，全部家当只有一台分期付款赊来的爆米花机，价值50美元。第二次世界大战结束后，威尔逊做生意赚了点钱，便决定从事地皮生意。如果说这是威尔逊的成功目标，那么，这一目标的确定，就是基于他对自己的市场需求预测充满信心。

当时，在美国从事地皮生意的人并不多，因为战后人们一般都比较穷，买地皮修房子、建商店、盖厂房的人很少，地皮的价格也很低。当亲朋好友听说威尔逊要做地皮生意，异口同声地反对。

而威尔逊却坚持己见，他认为反对他的人目光短浅。他认为虽然连年的战争使美国的经济很不景气，但美国是战胜国，它的经济会很快进入大发展时期。到那时买地皮的人一定会增多，地皮的价格会暴涨。

于是，威尔逊用手头的全部资金再加一部分贷款在市郊买下很大的一片荒地。这片土地由于地势低洼，不适宜耕种，所以很少有人问津。可是威尔逊亲自观察了以后，还是决定买下了这片荒地。他的预测是，美国经济会很快繁荣，城市人口会日益增多，市区将会不断扩大，必然向郊区延伸。在不远的将来，这片土地一定会变成黄金地段。

后来的事实正如威尔逊所料。不出三年，城市人口剧增，市区迅速发展，大马路一直修到威尔逊买的土地的边上。这时，人们才发现，这片土地周围风景宜人，是人们夏日避暑的好地方。于是，这片土地价格倍增，许多商人竞相出高价购买，但威尔逊不为眼前的利益所惑，他还有更长远的打算。后来，威尔逊在自己这片土地上盖起了一座汽车旅馆，命名为“假日旅馆”。由于它的地理位置好，舒适方便，开业后，顾客盈门，生意非常兴隆。从此以后，威尔逊的生意越做越大，他的假日旅馆逐步遍及世界各地。

目光远大，目标明确的人往往非常自信，而自信与人生的成败息息相关。

找到自己的方向就能够迎来机会

多年以前，一个年轻的退伍军人来找拿破仑·希尔，他想要找一份工作，但是他觉得很茫然也很沮丧：只希望能养活自己，并且找到一个栖身之处就够了。

他黯然的眼神告诉希尔，哀莫大于心死。这一个年轻人前途大有可为，却胸无大志。而希尔非常清楚，是否能够赚取财富，都在他的一念之间。

于是希尔问他："你想不想成为千万富翁？赚大钱轻而易举，你为什么只求卑微地过日子？"

"不要开玩笑了，"他回答，"我肚子饿，需要一份工作。"

"我不是在开玩笑，"希尔说，"我非常认真。你只要运用现有的资产，就能够赚到几百万元。"

"资产？什么意思？"他问，"我除了穿在身上的衣服之外，什么都没有。"

从谈话之中，希尔逐渐了解到，这个年轻人在从军之前，曾经担任富勒·布拉许的业务员，在军中他也学得一手好厨艺。换句话说，除了健康的身体、积极的进取心，他所拥有的资产，还包括烹调的手艺及销售的技能。

当然，推销或烹饪并无法使一个人晋身百万富翁，但是这个退役军人找到自己的方向，许多机会就呈现在眼前。

希尔和他谈了两个小时，看到他从深陷绝望的深渊中，变成积极的思考者。一个灵感鼓舞了他："你为什么不运用销售的技巧，说服家庭主妇，邀请邻居来家里吃便饭，然后把烹调的器具卖给他们？"

希尔借给他足够的钱，买一些像样的衣服及第一套烹调器具，然后放手让他去做。第一个星期，他卖出铝制的烹调器具，赚了100美金。第二个星期他的收入加倍。然后他开始训练业务员，帮他销售同样式的成套烹调器具。4年之后，他每年的收入超过100万元，并且自行设厂生产。

认准自己的特长，充分发挥出自己的能力，就能够获得成功的机会。

条件是可以努力创造的

杰米先生是个普通的年轻人，大约二十几岁，有太太和小孩，收入并不多。

他们全家住在一间小公寓，夫妇两人都渴望有一套自己的新房子。他们希望有较大的活动空间、比较干净的环境、小孩有地方玩，同时也增添一份产业。

买房子的确很难，必须有钱支付分期付款的头款才行。有一天，当他签发下个月的房租支票时，突然很不耐烦，因为房租跟新房子每月的分期付款差不多。

杰米跟太太说："下个礼拜我们就去买一套新房子，你看怎样？""你怎么突然想到这个？"她问，"开玩笑！我们哪有能力！可能连头款都付不起！"

但是他已经下定决心："跟我们一样想买一套新房子的夫

妇大约有几十万，其中只有一半能如愿以偿，一定是什么事情才使他们打消这个念头。我们一定要想办法买一套房子。虽然我现在远不知道怎么凑钱，可是一定要想办法。”

下个礼拜他们真的找到了一套两人都喜欢的房子，朴素大方又实用，头款是1200美元。现在的问题是如何凑够1200美元。他知道无法从银行借到这笔钱，因为这样会妨害他的信用，使他无法获得一项关于销售款项的抵押借款。

可是皇天不负有心人，他突然有了一个灵感，为什么不直接找承包商谈谈，向他私人贷款呢？他真的这么做了。承包商起先很冷淡，由于他一再坚持，终于同意了。他同意杰米把1200美元的借款按月交还100美元，利息另外计算。

现在他要做的是，每个月凑出100美元。夫妇两个想尽力法，一个月可以省下25美元，还有75美元要另外设法筹措。

这时杰米又想到另一个点子。第二天早上他直接跟老板解释这件事，他的老板也很高兴他要买房子了。

杰米说：“彼恩先生，你看，为了买房子，我每个月要多赚75元才行。我知道，当你认为我值得加薪时一定会加，可是我现在很想多赚一点钱。公司的某些事情可能在周末做更好，你能不能答应我在周末加班呢？有没有这个可能呢？”

老板对于他的诚恳和雄心非常感动，真的找出许多事情让他在周末工作十小时，他们因此欢欢喜喜地搬进新房子了。

如果你有了强烈的愿望，就要积极地迈出实现它的第一步，千万不要等待或拖延，也不必等待具备所有的条件。记住：你可以创造一些条件！

从失败中学到教训

“我在这儿已做了30年，”一位员工抱怨他没有升级，“我比你提拔的许多人多了20年的经验。”

“不对，”老板说：“你只有一年的经验，你从自己的错误中，没学到任何教训，你仍在犯你第一年刚做时的错误。”

不能从失败中学到教训是悲哀的！即使是一些小小的错误，你都应从其中学到些什么。

“我们浪费了太多的时间，”一位年轻的助手对爱迪生说：“我们已经试了2万次了，仍然没找到可以做白炽灯丝的物质！”

“不！”爱迪生回答说，“我们的工作已经有了重大的进展。至少我们已知道有2万种不能当白炽灯丝的东西。”

这种精神使得爱迪生终于找到了钨丝，发明了电灯，改变了历史。

错误对我们的损失是否非常严重，往往不在错误本身，而在于犯错人的态度。能从失败中获得教训的人，就能把错误的损失降至最低。

英国的索冉指出：“失败不该成为颓丧、失志的原因，应该成为新鲜的刺激。”唯一避免犯错的方法是什么事都不做，有些错误确实会造成严重的影响，所谓“一失足成千古恨，再回头已是百年身”。然而，“失败为成功之母”，没有失败，没有挫折，就无法成就伟大的事。

聪明人会从失败中学到教训。而失败者却常常是重复同样的错误，却不能从其中获得任何经验

历尽磨难，仍要坚持挑战挫折

1832 年，林肯失业了，这显然使他很伤心，但他下决心要当政治家，当州议员。糟糕的是，他竞选失败了。在一年里遭受两次打击，这对他来说无疑是痛苦的。

接着，林肯着手自己开办企业，可一年不到，这家企业又倒闭了。在以后的 17 年间，他不得不为偿还企业倒闭时所欠的债务而到处奔波，历尽磨难。

随后，林肯再一次决定参加竞选州议员，这次他成功了。他内心萌发了一丝希望，认为自己的生活有了转机：“可能我可以成功了!”

1835 年，他订婚了。但离结婚还差几个月的时候，未婚

妻不幸去世。这对他精神上的打击实在太大了，他心力交瘁，数月卧床不起。1836 年，他得了神经衰弱症。

1838 年，林肯觉得身体状况良好，于是决定竞选州议会议长，可他失败了。1843 年，他又参加竞选美国国会议员，但这次仍然没有成功。

林肯虽然一次次地尝试，但却是一次次地遭受失败：企业倒闭、情人去世、竞选败北。要是你碰到这一切，你会不会放弃——放弃这些对你来说是重要的事情？

林肯是一个聪明人，他具有执著的性格，他没有放弃，他也没有说：“要是失败会怎样？”1846 年，他又一次参加竞选国会议员，最后终于当选了。

两年任期很快过去了，他决定要争取连任。他认为自己作为国会议员表现是出色的，相信选民会继续选举他。但结果很遗憾，他落选了。

因为这次竞选他赔了一大笔钱，林肯申请当本州的土地官员。但州政府把他的申请退了回来，上面指出：“作本州的土地官员要求有卓越的才能和超常的智力，你的申请未能满足这些要求。”

接连又是两次失败。在这种情况下你会坚持继续努力吗？你会不会说“我失败了”？

然而，作为一个聪明人，林肯没有服输。1854 年，他竞选参议员，但失败了；两年后他竞选美国副总统提名，结果被对手击败；又过了两年，他再一次竞选参议员，还是失败了。

林肯尝试了 11 次，可只成功了 2 次，他一直没有放弃自己的追求，他一直在做自己生活的主宰。1860 年，他当选为美国总统。

阿伯拉罕·林肯遇到过的敌人你我都曾遇到。因为他是一个聪明人，他面对困难没有退却、没有逃跑，他坚持着、奋斗着。他压根就没想过要放弃努力，他不愿放弃，所以他成功了。

一个人想干成任何大事，都要能够坚持下去，坚持下去才能取得成功。说起来，一个人克服一点儿困难也许并不难，难的是能够持之以恒地做下去，直到最后成功。但，能够做到这一点，你就已经不同凡响了！

崎岖路途上努力迈进

一位熨衣工人住在拖车房屋中，周薪只 60 元。他的妻子上夜班，不过即使夫妻俩都工作，赚到的也只能勉强糊口。他们的婴儿耳朵发炎，他们只好连电话也拆掉，省下钱去买抗生素治病。

这位工人希望成为作家，夜间和周末都不停地写作，打字机的劈啪声不绝于耳。他的余钱全部用来付邮费，寄原稿给出版商和经纪人。

他的作品全给退回了。退稿信很简短，非常公式化，他甚至不敢确定出版商和经纪人究竟有没有真的看过他的作品。

一天，他读到一部小说，令他记起了自己的某本作品，他把作品的原稿寄给那部小说的出版商，他们把原稿交给了皮尔·汤姆森。

几个星期后，他收到汤姆森的一封热诚亲切的回信，说原稿的瑕疵太多。不过汤姆森的确相信他有成为作家的希望，并鼓励他再试试看。

在此后 18 个月里，他再给编辑寄去两份原稿，但都退还了。他开始试写第四部小说，不过由于生活逼人，经济上左支右绌，他开始放弃希望。

一天夜里，他把原稿扔进垃圾桶。第二天，他妻子把它捡回来。“你不应该中途而废，”她告诉他，“特别在你快要成功的时候。”

他瞪着那些稿纸发愣。也许他已不再相信自己，但他妻子却相信他会成功。一位他从未见过面的纽约编辑也相信他会成功。因此每天他都写 1500 字。

他写完了以后，把小说寄给汤姆森，不过他以为这次又准会失败。

可是他错了。汤姆森的出版公司预付了 2500 美元给他，史蒂芬·金的经典恐怖小说《嘉莉》于是诞生了。这本小说后来销了 500 万册，并摄制成电影，成为 1976 年最卖座的电影之一。

没有人能一步登天。真正使成功者出类拔萃的，是他们心甘情愿地一步接一步往前迈进，不管路途多么崎岖。

不要放弃任何希望

特洛伊正走在海滩上。突然发现一双套在皱巴巴棕色长裤内的脚，从一个被露水沾湿的报纸做的帐篷中伸出来。最初，她以为这是一具死尸。她毛骨悚然地站着，手里抓着一条按妈妈的吩咐买来的面包。

她呆若木鸡……

一只腿动弹了一下，接着，一只胳膊露了出来，袖子边耷拉着。随后，那手一把扯开报纸，人钻了出来。

年轻的？年老的？特洛伊吓得什么也没看清。

“早上好！”他问候她。

特洛伊后退了两步。声音听起来倒不凶，可他那沾满砂的脑袋，胡子拉碴的模样着实让人担惊受怕。

“去吧，”他赞同地说，“快跑开吧。我不会追你的……

是叫你出来买面包的，对不？”

特洛伊默不作声。

他解开自己的鞋带，从鞋内倒出一股细沙。“我深表谢意，”他礼貌周全，“因为你叫醒了我。当然，在这种时刻，我好像迷失了。我常常搞不清自己到底是谁——是失业记者，还是走霉运的诗人；是遁世者，还是替罪羊？我想，你一定以为我只不过是个流浪汉。”特洛伊慢慢地摇摇头。

他对她微笑，突然间显得年轻了许多。

“我光顾谈自己了，现在来谈谈你吧。你会成为一个人物的。我相信，不然，你也不会站在这儿啦——你早就跑走了。但是你没跑——”

她只是瞪眼瞧着他，疑疑惑惑地。但是，一种巨大的怜悯、温情和理解——自从父亲去世后久违了很久的感情突然涌上心头。

“来吧，”他哄着她，“告诉我，你将来想干什么？演员？画家？音乐家？作家？——也许，还不知道？不知道更好，一切都在前面，新鲜，光彩的未来。可是，你听着——”他朝前探着身子：“我要告诉你一个秘密——一个我知道得太晚的秘密。未来取决于美的真谛——你怎么找它，怎么看它。人们将对你赞扬钻石又美又名贵，当然，这没错。可是，就在这儿——，”他抓起一把细沙，“这儿也有成百万颗钻石。只要你深入其中去发现。瞧这个！”他递给她一片玻璃碎片，它的棱角被海水和沙子磨光了。“别人会说，毫无用处。可是，把它对着光瞧瞧！它翠得像绿宝石，神秘得如翡翠，光洁得像墨玉！”

一只海鸥尖叫着飞来，在他们头顶盘旋，投下一片浮翔的阴影。那眼睛闪亮的鸟儿自在地在晨光中飘荡着。

“看那里，”他指着海鸥，“那就是我的意思。人，不能像海鸥点水般。哪怕只有针尖般大的希望也不能放弃。孩子！要努力寻找，努力抓住晨光的双翅。”她仔细看了看手里那片被海水刷亮了的碎玻璃片，翠得像绿宝石，神秘得如翡翠，光洁得像墨玉。

“要努力寻找，努力抓住晨光的双翅。”特洛伊正是在这句话的鼓励下，开始一步步走向了成功。

一个人难免有落魄的时候，不管面对什么样的境遇。哪怕只有针尖般大的希望也不放弃，而是努力寻找，努力抓住各种机遇的人，是不会失败的。

全力以赴地挑战命运

麦吉对于他遭遇的第一次意外，已全无记忆。他只记得那是10月一个温暖的晚上。麦吉当时22岁，刚从著名的耶鲁大学戏剧学院毕业。他聪明英俊，人缘很好，踢美式足球及演戏剧都表现突出，正是意气风发的好时光。那辆18吨重的车从第五大道第34街驶出来时，麦吉一点都没看见。他记得的下一件事，就是醒来时自己身在加护病房，左小腿已经切去。

其后8年，麦吉全力以赴，要把自己锻炼成全世界最优秀的独腿人。他复健期间饱受疼痛折磨，但从不抱怨，终于熬过来，开始在舞台和电视上演出，也交过不少女朋友。

失去左腿后不到一年，他开始练习跑步，不久便常去参加10公里赛跑。随后又参加纽约马拉松赛和波士顿马拉松赛，成绩打破了伤残人士组纪录，成为全世界跑得最快的独腿长跑运动员。

接着他进军三项全能。那是一项极其艰难的运动，要一口气游泳 3.85 公里、骑脚踏车 180 公里、跑 42 公里的马拉松。这对只有一条腿的麦吉来说，无疑是一个巨大的挑战。1993 年 6 月的一个下午，麦吉在南加州的三项全能运动比赛中，骑着脚踏车以时速 56 公里疾驰，带领一大群选手穿过米申别荷镇，群众夹道欢呼。突然间，麦吉听到群众尖叫声。他扭过头，只见一辆黑色小货车朝他直冲过来。

其时，比赛场地周围马路已几乎全部封锁，几个并未封锁的一字路口也有警察把守，没人知道是什么缘故，让这辆小货车闯了进来。

麦吉对于这次挨撞可记得一清二楚。他记得群众尖叫，记得自己的身体飞越马路，一头撞在电灯柱上，颈椎“啪”地折断。他还记得自己被抬上救护车，随后他昏了过去。

麦吉接受紧急脊椎手术后醒来时，发现自己躺在重伤病房，一动也不能动。他清楚记得周围的护士个个都流着眼泪，一再说：“我们很难过。”麦吉四肢瘫痪了，那时才 30 岁。

麦吉的四肢都因颈椎折断而失去功能，但仍保存少量神经活动，使他能稍微动一动——手臂能抬起一点点，坐在轮椅上身子可以倾前，双手能做一些简单动作，双腿有时能抬起两三厘米。

麦吉知道四肢尚有感觉时，有点激动。因为这意味着他有了独立生活的可能，无须 24 小时受人照顾。经过艰苦锻炼，自认为“很幸运”的麦吉渐渐进步到能自己洗澡、穿衣服、吃饭，甚至开经过特别改装的车子。医生对此都大感惊奇。

医院对脊椎重伤病人的治疗，好似施行酷刑。他们先给麦吉装上头环：那是一个钢环，直接用螺钉装在颅骨上，然后把头环的金属撑条连接到夹在麦吉身体两侧的金属板上，以固定麦吉的脊椎。安装头环时只能局部麻醉，医生将螺钉拧进麦吉的前额时，麦吉痛得直惨叫。护士常来给麦吉抽血，把导管插入膀胱，或者把头环的螺钉拧牢。每次有人碰到他，他都痛得尖叫。他觉得自己没有了自我，没有过去，没有将来，也没有希望。

两个月后，头环拆掉，麦吉被转送到科罗拉多州一家复健中心。在他那层楼里，住的全是最近才四肢或下身瘫痪的病人。他发觉原来有那么多人和他命运相同。眼前的处境也并不陌生，伤残、疼痛、失去活动能力、复健、耐心锻炼——所有这些他都经历过。

于是，他过去顽强不屈、永不向命运低头的精神又回来了。他对自己说：“你是过来人，知道该怎样做。你要拼命锻炼，不怕苦，不气馁，一定要离开这鬼地方。”

其后几个月，麦吉再度变得斗志昂扬，复健速度之快，出乎所有人预料。脖子折断之后仅仅 6 个月，他便重返社会，再开始独立生活，又大约 6 个月之后，他在一次三项全能运动员大会上，以《坚忍不拔和人类精神力量》为题，发表了一篇激动人心的演说，事后人人都围着他，称赞他勇敢。“麦吉真行！”大家异口同声地说。

即使复健过程起先顺利，病人迟早会遇上一道墙：复健中止，残酷的现实浮现。麦吉就撞上了这道墙。当时他身体可复原的已复原了，不管怎样努力，有些事实始终无法改变：手臂永远不可能再抬到高过头顶，而且他永远不能再走路了。

麦吉明白了这一点之后，向来不屈不挠的他也泄气了。

1996 年，麦吉获得 380 万美元赔偿金，决定迁居夏威夷。当时他对朋友说，去那里是为了写回忆录。其实，完全是为了逃避。麦吉有个不想让任何人知道的秘密：他染上了毒瘾。他脖子折断之后两年左右，认识了一个女人，那女人递给他一些可卡因，同情地说：“试试这个吧。你苦够了，没人会怪你这么做。”麦吉心想：“对啊，没人会怪。”

一天凌晨，麦吉吸毒之后，转着轮椅来到一条寂静公路的中央。那是阿里道，他曾在这条公路上跑过马拉松。

麦吉曾在阿里道赢得辉煌胜利，而这时却在道上思量去哪里再弄些可卡因。他知道该下决定了：要死还是要活？“我才 33 岁，不想离开这个世界，”他想，“当然我也不想四肢瘫痪，但既然无法改变这事实，只好学会那样子好好活下去。”

他不知道下一步该怎样做，但有一点很清楚：要是继续沉沦，他一定完蛋了。于是，他试着从另一角度看自己的问题：

"也许我的遭遇并非坏事，而是上天给我的美妙赏赐，令我有机会真正了解自己。"从此，他彻底改变了。

目前麦吉住在新墨西哥州圣菲市。天气好的早晨，他会从床上下来，插上导管，来个淋浴，穿上衣服，准备离开寓所。这一切，他不用3小时就能完成。然后他到体育馆去锻炼一两小时，例如在水里步行、骑健身脚踏车。

他也会埋头撰写论文，主题是神话史上的伤残男性。他正在加州圣芭芭拉市帕西非卡克研究所攻读神学博士学位。

只要你不屈服，不向命运低头，就能够把握命运，战胜一切障碍。

只要有一柄斧头

山里住着一位以砍柴为生的樵夫，在他不断的辛苦建造下，终于完成了一间可以遮风挡雨的房子。有一天，他挑了砍好的木柴到城里交货，当他黄昏回家时，却发现他的房子起火燃烧了。

左邻右舍都前来帮忙救火，但是因为傍晚的风势过于强大，所以还是没有办法将火扑灭，一群人只能静待一旁，眼睁睁地看着炽烈的火焰吞噬了整栋木屋。当大火终于灭了的时候，只见这位樵夫手里拿了一根棍子，跑进倒塌的屋里不断地翻找着。围观的邻人以为他正在翻找着藏在屋里的珍贵宝物，所以也都好奇地在一旁注视着他的举动。过了半晌，樵夫终于兴奋地叫着："我找到了！我找到了！"

邻人纷纷向前，一探究竟，才发现樵夫手里捧着的是一片斧刀，根本不是什么值钱的宝物。

只见樵夫兴奋地将木棍嵌进斧刀，充满自信地说：“只要有这柄斧头，我就可以再建造一个更坚固耐用的家。”

成功的人不是从未曾被击倒过的人，而是在被击倒后、还能够积极地往成功之路不断迈进的人。

不要被风雪吓倒

那天的风雪真暴，外面像是有无数发疯的怪兽在呼啸厮打。雪恶狠狠地寻找袭击的对象，风呜咽着四处搜索，从屋顶、从看不见缝隙的墙壁鼠叫似的“吱吱”而入。大家都在喊冷，读书的心思似乎已被冻住了。一屋的跺脚声。

鼻头红红的布鲁斯老师挤进教室时，等待了许久的风席卷而入，墙壁上的《世界地图》一鼓一顿，开玩笑似的卷向空中，又一个跟头栽了下来。

往日很温和的布鲁斯先生一反常态：满脸的严肃庄重甚至冷酷，一如室外的天气。

乱哄哄的教室静了下来，学生们惊异地望着布鲁斯先生。

“请同学们放好书本，我们到操场上去。”

几十双眼睛在问。

“因为我们要在操场上立正五分钟。”

即使布鲁斯老师下了“不上这堂课，永远别上我的课”的恐吓之词，还是有几个娇滴滴的女生和几个很壮的男生没有出教室。

操场在学校的东北角，北边是空旷的菜园，再北是一个池塘。

那天，操场、菜园和水塘被雪连成了一个整体。

矮了许多的篮球架被雪团打得“啪啪”作响，卷地而起的雪粒雪团呛得人睁不开眼张不开口。脸上像有无数把细窄的刀在拉在划，厚实的衣服像铁块冰块，脚像是踩在带冰碴的水里。

学生们挤在教室的屋檐下，不肯迈向操场半步。

布鲁斯先生没有说什么，面对学生们站定，脱下羽绒衣，线衣脱到一半，风雪帮他完成了另一半。“在操场上去，站好。”布鲁斯先生脸色苍白，一字一顿地对学生们说。

谁也没有吭声，学生们老老实实地到操场排好了三列纵队。

瘦削的布鲁斯先生只穿一件白衬褂，衬褂紧裹着的他更显单薄。

学生们规规矩矩地立着。

五分钟过去了，布鲁斯先生平静地说：“解散。”回到教室，布鲁斯先生说：“在教室时，我们都以为自己敌不过那场风雪，事实上，叫你们站半个小时，你们也顶得住，叫你们只穿一件衬衫，你们也顶得住。面对困难，许多人戴了放大镜，但和困难拼搏一番，你会觉得，困难不过如此……”

学生们很庆幸，自己没有缩在教室里，在那个风雪交加的时候，在那个空旷的操场上，他们学到了人生重要的一课。

面对困难，许多人望而却步；而成功的人士往往非常清楚，只要敢于和困难拼搏一番，就会发现，困难不过如此！

把大石头搬出去

一个小男孩在他的玩具沙箱里玩耍，沙箱里有他的玩具小汽车、敞篷货车、塑料水桶和塑料铲子。

当小男孩在松软的沙堆上修筑“公路”和“隧道”的时候，他在沙箱的中间发现了一块巨大的石头，阻挡了他的“工程”建设。于是，小男孩开始挖掘石头周围的沙子，企图把它从沙子中弄出去。虽然石头并不算大，可是对于一个小男孩来说已经相当大了。小男孩手脚并用，费了很大力气，终于把大石头挪到了沙箱的边缘。不过，他发现自己根本没有力气把大石头搬出沙箱的“墙”。

但是，小男孩下定决心要把大石头搬出去，于是他用手推，用肩拱，左摇右晃大石头，一次又一次地努力。可是，每当刚刚有一点进展的时候，大石头就又滚回原处。最后一次努力时，大石头滚回来砸伤了他的手指头。

终于，小男孩再也忍不住了，大哭起来。其实，这件事的整个过程都被小男孩的父亲透过起居室的窗户看得一清二楚。就在小男孩哭泣的时候，父亲忽然出现在小男孩的面前。父亲温和地对小男孩说：“儿子，你为什么不用尽你所拥有的全部力量呢？”小男孩十分委屈地说：“但是，我已经用尽我的全部力量了。”“不对，儿子。”父亲亲切地说，“你并没有用尽你所拥有的全部力量，你并没有请求我的帮助啊。”说完，父亲弯下腰，抱起那块大石头，把它搬出了沙箱。

在生活中，当遇到困难，感到自己再也坚持不下去的时候，不要一味地蛮干或轻易放弃，不妨试着转变一下思路，尝试其他的方法，或者向别人求教或求助。

是金子总会发光的

维斯卡亚公司是美国20世纪80年代最为著名的机械制造公司，其产品销往全世界，并代表着当今重型机械制造业的最高水平。许多人毕业后到该公司求职遭拒绝，原因很简单，该公司的高技术人员爆满，不再需要各种高技术人才。但是令人垂涎的待遇和足以自豪、炫耀的地位仍然向那些有志的求职者闪烁着诱人的光环。

詹姆斯和许多人的命运一样，在该公司每年一次的用人测试会上被拒绝申请，其实这时的用人测试会已经是徒有虚名了。詹姆斯并没有死心，他发誓一定要进入维斯卡亚重型机械制造公司。于是他采取了一个特殊的策略——假装自己一无所长。

他先找到公司人事部，提出为该公司无偿提供劳动力，请求公司分派给他任何工作，他都不计任何报酬来完成。公司起初觉得这简直不可思议，但考虑到不用任何花费，也用不着操心，于是便分派他去打扫车间里的废铁屑。一年来，詹姆斯勤勤恳恳地重复着这种简单但是劳累的工作。为了糊口，下班后他还要去酒吧打工。这样虽然得到老板及工人们的好感，但是仍然没有一个人提到录用他的问题。

1990 年初，公司的许多订单纷纷被退回，理由均是产品质量有问题，为此公司将蒙受巨大的损失。公司董事会为了挽救颓势，紧急召开会议商议解决，当会议进行一大半却尚未见眉目时，詹姆斯闯入会议室，提出要直接见总经理。在会上，詹姆斯把对这一问题出现的原因作了令人信服的解释，并且就工程技术上的问题提出了自己的看法，随后拿出了自己对产品的改造设计图。这个设计非常先进，恰到好处地保留了原来机械的优点，同时克服了已出现的弊病。总经理及董事会的董事见到这个编外清洁工如此精明在行，便询问他的背景以及现状。詹姆斯面对公司的最高决策者们，将自己的意图和盘托出，经董事会举手表决，詹姆斯当即被聘为公司负责生产技术问题的副总经理。

原来，詹姆斯在做清扫工时，利用清扫工到处走动的特点，细心察看了整个公司各部门的生产情况，并一一作了详细记录，发现了所存在的技术性问题并想出解决的办法。为此，他花了近一年的时间搞设计，做了大量的统计数据，为最后一展雄姿奠定了基础。

詹姆斯不愧是一个聪明人，他知道："是金子总会发光的。"他在推销自己的过程中能够不争一时的先后，才华不外露，锋芒内敛；他目光远大，为自己的发展准备了充分的条件，因此最终获得了成功。